AF452652

TRAITÉ PRATIQUE

DE

LA CULTURE DES PINS

A GRANDES DIMENSIONS.

TRAITÉ PRATIQUE

DE

LA CULTURE DES PINS

A GRANDES DIMENSIONS,

DE LEUR AMÉNAGEMENT, DE LEUR EXPLOITATION, ET DES
DIVERS EMPLOIS DE LEURS BOIS;

Par Louis - Gervais Delamarre,

Propriétaire - Cultivateur - Forestier

SECONDE ÉDITION

AUGMENTÉE D'UN *APPENDICE* SUR LES CÈDRES DU
LIBAN, LES MÉLÈZES ET LES SAPINS.

A PARIS,

CHEZ MADAME HUZARD, IMPRIMEUR-LIBRAIRE,
RUE DE L'ÉPERON, N°. 7.

1826.

AVERTISSEMENT.

Sur les Autorités citées.

Je cite moins souvent que dans la première édition, faite sous le titre de *Mémoire*, les opinions des personnes dont j'ai étudié les ouvrages ; mais c'est néanmoins assez fréquemment pour que j'aie dû, afin d'éviter les répétitions, me borner ordinairement à la citation de leurs noms sans ajouter la dénomination des œuvres, quoique plusieurs de ces personnes en aient enrichi la société d'un grand nombre.

Il convient donc pour me rendre intelligible sur ce point, d'indiquer quels sont ces ouvrages, et je le ferai dans l'ordre suivant :

Ce sont Messieurs,

1. Buffon (de); c'est le tome II du Supplément

à son Histoire naturelle, partie expérimentale, in-4°., de l'Imprimerie royale, 1775.

2. Bosc, de l'Institut; c'est le Nouveau Cours complet d'Agriculture théorique et pratique. Paris, chez *Déterville*, 1809. — Lorsque j'ai eu à citer la seconde édition, j'ai eu soin de l'expliquer.

3. Bernard Palissy ; c'est le Recueil de ses OEuvres ; par *Faujas de Saint-Fond*, gros volume in-4°. Paris, chez *Ruault*, 1777.

4. Burgsdorf (de); c'est son Nouveau Manuel forestier, traduit par M. *Baudrillart*, 2 volumes in-8°. A Paris, chez *Arthus-Bertrand*, 1808.

5. Baudrillart ; c'est le Dictionnaire formant la seconde partie de son Traité général des Eaux et forêts, Chasses et Pêches, 2 gros volumes in-4°. A Paris, chez Madame *Huzard* et *Arthus-Bertrand*, 1823.

6. Bigot de morogues : Mémoire sur l'utilité d'un corps d'ingénieurs agricoles et manufacturiers; brochure extraite des Annales de l'Industrie. A Paris, chez *Fain*, 1823.

7. Duhamel - Dumonceau ; c'est son Traité des Semis et Plantations d'arbres, 1 volume in-4°. Paris, chez la veuve *Desaint*, 1780.

8. Dralet ; c'est son Traité de l'Aménagement

des Bois et Forêts. Paris, chez *Arthus-Bertrand*, 1812. C'est aussi son Traité des Forêts d'Arbres résineux : Toulouse, 1820; et à Paris, chez Madame *Huzard*. C'est encore son Traité du Hêtre : Toulouse, 1824; et à Paris, chez madame *Huzard*.

9. DATTY : des Plantations, de leur nécessité, etc., 1 volume in-4°. A Arles, chez *Gaspard-Mesnier*, 1805.

10. DUGIED; c'est son Projet de Boisement des Basses-Alpes. A Paris, de l'Imprimerie royale, 1819.

11. DELAVERGNE; ce sont ses Observations sur les Landes de Bretagne, insérées aux Annales d'Agriculture, tomes XII et XXVI de la seconde série.

12. FOUGEROUX DE BLAVAU; c'est son Mémoire sur les Pins, inséré en ceux du trimestre d'automne 1785, de la Société d'agriculture de Paris.

13. FORNAINI; c'est sa Dissertation sur la Culture des Sapins, traduite de l'italien par M. *des Arcs-Fleuranges*. Paris, 1813.

14. FÉBURIER; c'est son Essai sur les Phénomènes de la Végétation, 1 volume in-8°. Paris, chez Madame *Huzard*, 1812.

15. GUIOT; c'est son Manuel Forestier. Paris, 1770.

16. Gasparin (de); ce sont ses observations sur le Delta du Rhône, insérées aux Annales d'Agriculture, tome XXXI; seconde série.

17. Hartig; c'est son Instruction sur la Culture des Bois, traduite par M. *Baudrillart*, 1 volume in-12. Paris, 1805. — C'est aussi ses Expériences sur la Combustibilité des bois, traduites de même. A Paris, chez *Arthus-Bertrand*, 1807.

18. Huzard père; c'est son Rapport sur le Bon Effet de l'Huile essentielle de Térébenthine dans la maladie de la pourriture.

19. Juge de Saint-Martin : Traité de la Culture du Chêne. Paris, 1788.

20. La Rochefoucauld-Liancourt (de); c'est son Voyage dans les États-Unis de l'Amérique, 8 volumes in-8°. Paris, 1799.

21. Lintz; ce sont ses Dissertations forestières. Trèves, 1808.

22. Loiseleur - Deslonchamp; c'est le tome V de la nouvelle édition du Traité des Arbres et Arbustes de M. *Duhamel-Dumonceau*.

23. Lorgeril (de); Mémoire sur les Landes de Bretagne. Rennes, chez *Vatar*, 1819.

24. Malesherbes (de Lamoignon de); ce sont ses Mémoires insérés en la seconde partie des Œuvres de M. *Varennes de Fenille*.

25. Michaux; c'est son Histoire des Arbres forestiers de l'Amérique septentrionale.

26. Morel-Vindé (de); ce sont ses Observations pratiques sur la Théorie des Assolemens. Paris, chez Madame *Huzard*, 1822.

27. Noirot; c'est son Traité de l'Aménagement et de l'Exploitation des Forêts, 1 volume in-12. Paris, chez *Arthus-Bertrand*, 1812.

28. Olivier; c'est son Voyage dans l'Empire ottoman, édition in-8º.

29. Ourches (d') : Aperçu général des Forêts. Paris, 1805.

30. Perthuis père (de) : Traité de l'Aménagement et de la Restauration des Bois et Forêts. Paris, chez Madame *Huzard*, 1803.

31. Perthuis fils (de); c'est le Nouveau Cours complet d'Agriculture, cité au nom de M. *Bosc*.

32. Plinguet père : Traité sur les Réformations et les Aménagemens des Forêts, 1 volume, grand in-8º. Orléans, 1789. — Et des ouvrages inédits.

33. Plinguet fils : Examen analytique des Causes du Dépérissement des Bois. Orléans, troisième édition.

34. Poederlé (de) : Manuel de l'Arboriste, édition de 1792.

35. Remond : Observation sur l'Exploitation et

l'Aménagement des Forêts de Sapins. A Paris, de l'imprimerie de *Doublet*, 1818.

36. RODAT (AMANS DE) : Mémoire sur l'État de l'Agriculture de l'Aveyron, inséré aux Annales d'Agriculture, tome XXIV, seconde série.

37. SAY (J.-B.) : Traité d'Économie politique, 2ᵉ. édition. Chez *Renouard*, 1814.

38. TROCHU : Du Défrichement et de la Plantation des Landes et Bruyères. Paris, chez Madame *Huzard*, 1820.

39. TURBILLY (DE) : De la Pratique des Défrichemens, 4ᵉ. édition, 1 volume in-8°. Paris, chez *Marchand*, 1811.

40. TSCHUDY (DE) : Traité des Arbres résineux, etc., extrait de *Miller*, 1 volume in-8°. A Métz, 1768.

41. VARENNES DE FENILLE : Recueil de ses OEuvres en trois Parties, imprimées in-8°. en 1807 et 1808. A Paris, chez *Marchand*.

42. YOUNG (ARTHUR) : Ses Voyages en France, 2ᵉ. édition, 3 volumes, in-8°. Paris, chez *Buisson*, 1794.

43. YVART : c'est le Nouveau Cours d'Agriculture, cité au nom de M. *Bosc*.

N. B. Tous ces Ouvrages se trouvent chez Madame *Huzard*, libraire, rue de l'Éperon, n° 7.

Sur les Mesures agraires.

J'exprime les mesures agraires de plusieurs manières : il convient donc qu'on sache qu'après l'hectare, qui est la mesure d'unité, l'acre qu'il m'arrive de citer est celle en usage dans la contrée du département de l'Eure où je cultive. Elle équivaut à presque soixante-quinze ares ou aux trois quarts d'un hectare.

L'arpent royal, que je dénomme aussi arpent d'ordonnance, et arpent des bois et forêts, équivaut à cinquante et un ares passés, ou à un peu au-delà d'un demi hectare.

Et l'arpent parisien, que je cite aussi, est l'arpent de dix huit-pieds pour perche, équivalent à trente-quatre ares passés ou à un grand tiers d'hectare.

Sur les Mesures linéaires, de capacité, etc.

Le pied dont je parle est celui dont trois équivalent presque à un mètre.

Le pouce est celui dont il faut douze pour composer ce pied.

Le boisseau est celui dont la capacité comporte, en grains de blé, un poids de vingt livres anciennes, ou environ dix kilogrammes. Il est l'équivalent de ce que, dans ma contrée normande on nomme la quarte, parce qu'il ne forme que la quatrième partie du boisseau de Normandie.

La livre dont je parle est celle de seize onces, et dont deux équivalent presque à un kilogramme.

Sur le Mesurage de la grosseur des arbres.

C'est ordinairement à trois pieds au-dessus du sol que j'ai pris la mesure de leur circonférence, selon ce que M. Varennes de Fenille a pratiqué dans ses expériences sur le grossissement annuel des arbres.

TABLE DES MATIÈRES.

Pag.

FIN DE LA TABLE DES MATIÈRES.

TRAITÉ PRATIQUE

DE

LA CULTURE DES PINS

A GRANDES DIMENSIONS.

CHAPITRE PREMIER,

OU

INTRODUCTION.

J'ai toujours été frappé de ces belles expressions de Xénophon, rapportées par M. Juge de Saint-Martin à la fin de la *Préface* de son *Traité de la culture du chéne:* « Quand il nous arrive de réussir, notre plus grande joie est de déclarer à ceux qui veulent le savoir, les moyens dont nous nous sommes servis; » et je me crois assez avancé dans la culture des pins, je veux dire dans leur culture en grand, pour oser croire que je puis être de quelque utilité aux personnes qui voulant créer de nouveaux bois dans leurs landes et terrains incultes, ou en restaurer des anciens par des semis de pins à demeure, se trouveraient dépourvues d'exemples propres à les guider; pour croire, dis-je, qu'il y aurait de l'utilité à faire connaître par quels moyens simples et expéditifs je suis parvenu à créer une richesse qui s'annonce millionnaire, tellement que je pourrai probablement réaliser, dans peu d'années d'à présent, le projet que j'ai de publier l'historique de cette création de richesse, afin qu'on puisse mieux profiter de l'exemple de mes travaux : car, suivant la remarque de M. de Gasparin, insérée aux *Annales d'agriculture*, pages 199 et 200 du tome XXXI, seconde série, ce qui manque à l'encouragement des entreprises agricoles, c'est un exemple, mais un exemple concluant. Quand un homme, ajoute-t-il, possédant les trois qualités indispensables, une volonté forte, des connoissances positives et un capital suffisant, aura entrepris une amélioration et l'aura conduite à bonne fin, alors on se précipitera sur ses traces, et l'on profitera de son expérience.

Dans l'état actuel de la *science pratique des bois*, les propriétaires qui voudraient créer de nouveaux bois, ou en restaurer des anciens, seraient embarrassés de réaliser leurs vues, faute de trouver des hommes instruits, suffisamment familiarisés avec les procédés d'exécution dans cette partie, comme on le trouve dans les autres arts, tels que l'architecture et les constructions: en sorte que, faute de ce moyen d'exécution qui devrait exister, mais dont on est encore dépourvu, il peut être utile, comme je viens de le dire, d'avoir un exemple propre à fixer les idées, en faisant connaître les moyens qu'il convient d'employer.

En attendant donc que l'on soit plus avancé qu'on ne l'est aujourd'hui dans la science d'exécution en ce qui a rapport à la culture des bois, et qu'on soit devenu assez familier avec les procédés qu'il faut employer pour créer des bois et pour en restaurer d'anciens avec la même facilité qu'on cultive les céréales, je mets à profit la maxime du grand Xénophon, en faisant connaître par quels moyens je suis parvenu à créer une richesse millionnaire en bois de pins sur le sol le plus siliceux et le plus aride (1).

—————————————————————

(1) A Harcourt, Valleville et Beauficel, près Brionne, chef-lieu de canton, arrondissement de Bernay, département de l'Eure. Je n'y possède cependant que neuf cents arpens parisiens, dont il y a environ moitié en anciens bois taillis plus ou moins médiocres; et quatre à cinq cents

Si je ne m'occupe ici que des pins sans m'expliquer également sur les sapins, sur les mélèzes et sur les célèbres cèdres du Liban, qu'il est également intéressant de savoir cultiver avec avantage pour soi et pour la société, c'est parce que je n'ai d'expérience personnelle et en grand que sur les pins, la nature et la maigreur de mon sol ne me permettant pas d'y faire prospérer les autres espèces d'arbres résineux ; mais ayant acquis à leur égard quelques connaissances propres à éclaircir les points cardinaux de leur culture, j'en ferai l'objet d'un appendice à ce Traité sur les pins.

Au surplus, les pins, quoique n'occupant en France qu'une faible surface du sol forestier, n'offrent pas moins d'importance que les sapins, qui, cependant, en occupent une bien plus grande étendue ; et tous deux peuvent être considérés comme équivalant à plus que moitié de la totalité de ce sol forestier, quoique n'ayant que la sixième partie de son étendue, par la raison 1°. que dans une même surface il peut y avoir en arbres résineux beaucoup plus de sujets qu'en

---

arpens qui étaient en clairières, en landes et en pâtis, sont maintenant meublés de pins maritimes et de pins sylvestres.

chènes, et de dimensions qui procurent plus de matière que ceux-ci ; 2°. et qu'on y fera, en essences résineuses, deux ou trois récoltes contre une seule en chènes.

Je dis que les pins qui, d'après M. Dralet, ont en France moins que le dixième d'étendue superficielle des sapins, n'offrent cependant pas moins d'importance que ceux-ci, et je me fonde sur ce qu'ils sont plus particulièrement, si ce n'est pas exclusivement, propres à transformer en futaies les landes et les terrains incultes, ainsi qu'à restaurer les anciens bois qui ont des clairières, parce qu'ils prospèrent dans un sol aride, là même où le bouleau ne peut résister ; tandis que pour les sapins il faut un sol humide, et qu'on pourrait dire fertile en comparaison de la maigreur de celui où les pins prospèrent, que la création des bois et leur restauration sont plus faciles en pins qu'en sapins, et qu'une de leurs espèces, si ce ne sont pas deux, arrive, avec néanmoins de fortes dimensions, à maturité beaucoup plus tôt que les sapins, de manière à procurer ou deux récoltes ou au moins une récolte et demie en pins contre une seule en sapins.

Mais en considérant l'engorgement prolongé des productions agricoles comme de celles manufacturières, il m'est évident qu'il y a infiniment moins d'utilité qu'autrefois à publier les procédés par lesquels on peut obtenir de grandes masses de productions, même en bois.

Si néanmoins je crois utile de faire connaître les procédés avec lesquels j'ai créé une richesse millionnaire en pins, c'est parce qu'il y a en France des localités où il y a suffisamment de débouchés pour que, sans nuire à d'autres contrées, il soit avantageux au propriétaire et à la société consommatrice, ainsi qu'aux moyens d'occupations, de créer de nouveaux bois ou d'en restaurer des anciens.

Qu'il y a d'autres localités tellement dépourvues de bois pour le chauffage et pour les constructions, qu'il peut être avantageux de connaître les moyens de s'en procurer promptement, en grande quantité et à peu de frais.

Qu'il y a des contrées qu'il serait singulièrement avantageux d'assainir et de salubrifier par des plantations, qui, comme celles des pins, deviennent, pour ainsi dire, spontanées.

Que dans le midi de la France, plus qu'ailleurs, il y a des montagnes imprudemment dénudées, qu'il est instant de reboiser, afin d'arrêter leur abaissement, d'arrêter par conséquent l'enlèvement des terres qui des montagnes vont encombrer les vallées, de prévenir les torrens, de fixer les nuages, prévenir les orages et la grêle qui les accompagne, etc., etc.

C'est parce qu'enfin la principale, et pour ainsi dire l'unique production des pins consiste en bois d'œuvre, tel que pour la charpente et pour la menuiserie. Or, à cet égard, ceux-là même qui ne partagent pas la crainte si long-temps répandue d'une disette de bois de chauf-fage, trouvent qu'elle peut être fondée pour le bois d'œuvre; ce qui me porte à croire qu'il y aura de l'avantage de cultiver les pins toutes les fois qu'on ne sera pas dans une contrée où le bois-futaie surabonde.

En raisonnant ainsi, je rends hommage aux personnes qui, dans les derniers temps, ont ob-servé que ce n'était résoudre qu'une moitié du problème, que de parvenir à opérer la pro-duction; que pour le résoudre dans sa totalité, il fallait savoir créer en même temps des moyens de consommation.

Mais il me semble que le problème ne s'ar-rête pas à ces deux points cardinaux, et qu'il s'étend à deux autres. Assurément, c'est beau-coup que de produire une chose nécessaire à la consommation; c'est aussi beaucoup que d'être assuré de celle-ci en obtenant celle-là;

mais on peut désirer davantage, et l'âme de l'observateur, après avoir applaudi à ces deux résultats, éprouve le besoin de voir la consommation se faire d'une manière avouée par la morale et par la raison ; de la manière dont en parle M. Jean-Baptiste Say, pages 190 à 202, et 252 du tome II de son *Traité d'économie politique*, 2e. édition.

Il a également besoin, l'observateur, d'avoir sujet de trouver que la production fournisse des moyens d'occupation et de bonne conduite de la part de la classe ouvrière.

C'est donc parce que la production serait suivie de sa consommation, de son emploi bien entendu, et parce qu'elle serait favorable aux bonnes mœurs, qu'il y aurait de la satisfaction à l'opérer, parce que, restreinte à sa consommation, elle peut ne procurer que des avantages pécuniaires à son auteur sans rien ajouter au bonheur de l'humanité.

Au surplus, la culture des pins offre des avantages immenses tant au propriétaire des terrains où elle a lieu, s'il est assuré de débouchés proportionnés, qu'à la société qui consomme, et qu'à la classe ouvrière employée à préparer les moyens de la consommation. Ils sont tels, ces avantages, qu'on peut les dire non pas seulement décuples, mais qu'ils s'élèvent à vingt, à trente, et même à quarante fois autant que la culture des bois feuillus, comme j'aurai occasion de l'expliquer, notamment au chapitre XIV, outre cette importante considération, que ceux-ci exigent un sol plus ou moins bon, tandis que les pins prospèrent dans un sol plus ou moins maigre, circonstances qui me donnent sujet de penser que c'est moins le défaut de production que le défaut de consommation, qui est à redouter : car j'éprouve qu'il est moins difficile de produire que d'utiliser les produits, et je sens fréquemment la justesse de la comparaison qu'a faite M. le vicomte de Morel-Vindé, du paradis à la création d'une production, du purgatoire à sa récolte, et de l'enfer à son utilisation.

En proposant la culture des pins, il y a à considérer ce qui est le plus avantageux au producteur, à la société consommatrice, et à la richesse des travaux, sous les différens rapports de 1°. l'époque de la maturité des arbres; 2°. la facilité de leur culture; 3°. la quantité de matière qu'on peut s'en promettre dans une espèce comparativement à une autre espèce sur la même étendue de terrain; 4°. la qualité du bois et les emplois dont il est susceptible.

Ainsi l'espèce de pins qui n'arrive à maturité qu'à cent ans pourra paraître moins avantageuse au producteur qui crée, que l'espèce qui est mûre dès l'âge de cinquante ans; mais la quantité de matière pouvant être plus grande dans la première espèce que dans la seconde, et la qualité de son bois plus précieuse, il en résulte pour la société consommatrice un intérêt à ce que la production ait lieu en l'une et en l'autre espèce. L'homme d'état peut avoir le même intérêt que la société consommatrice; mais il a de plus à prendre en grande considération la richesse des travaux, qui sont d'autant plus considérables, que la production est plus souvent répétée; qu'elle donne une plus grande quantité de matière, et que celle-ci est susceptible d'emplois plus variés.

J'aurai donc soin d'expliquer ce que j'ai appris sous ces différens rapports, afin qu'on puisse, en connaissance de cause, préférer telle espèce de pin à telle autre lorsqu'on ne sera pas géné par la nature du sol, le climat, le site, etc., et selon les vues qu'on voudra adopter.

La science de la production des bois, toute précieuse qu'elle est, n'offrirait pas tous les avantages dont elle est susceptible, si elle n'était pas accompagnée de la science de savoir utiliser les

produits qu'on a créés. J'ai eu fréquemment sujet de remarquer qu'en sachant créer des bois,
on semblait ne savoir que cela, ou qu'en se li-
vrant trop exclusivement à la production, on
perdait de vue les moyens de l'utiliser pour soi,
pour ses affections , pour la société qui consomme, et pour les moyens d'occupations qui en
résultent. Ces remarques m'ont donné sujet de
penser qu'utiliser des produits qu'on a su créer,
est une science toute particulière ; une science
distincte de la science de la production , comme
la science d'exécution est différente et distincte
de la science des idées.

C'est pour cela que je m'attacherai à faire connaître ce que, dans mes études plus que dans ma
pratique, j'ai pu apprendre sur les moyens d'utiliser la production des bois qu'on s'est plu à
créer.

Je terminerai ces observations préliminaires
par faire remarquer que la culture des bois a ,
comparativement à la culture arable, un avan-
tage-mère, en ce que celle-ci exige tout-à-la-fois
des soins et la présence du maître chaque jour
de l'année, ainsi que des relations qui ne conviennent pas à toutes les personnes ; tandis que ,
dans la culture des bois, je sais, par mon expérience personnelle, que, même dans l'état de pri-

vation où l'on est d'aides à cet égard , on peut, avec le goût qui donne l'aptitude, faire exécuter de grands travaux sans cesser sa résidence ailleurs ; qu'il suffit d'une inspection annuelle de quelques semaines ; qu'ainsi des soins de présence durant l'espace de six semaines suffisent largement, lorsqu'ils sont accompagnés des simples soins de surveillance qu'on exerce de son cabinet : en sorte que, dans la culture forestière, on conserve son indépendance , au lieu qu'il faut la sacrifier dans la culture arable pour la rendre profitable.

CHAPITRE II,

OU J'EXAMINE QUELLES SONT LES ESPÈCES DE PINS AUXQUELLES, DANS L'ÉTAT ACTUEL DES CONNAISSANCES, IL CONVIENT DE SE FIXER POUR LA CULTURE UTILE ET EN GRAND.

L ES pins, quoique étant des arbres résineux, aussi bien que le sont les sapins et d'autres espèces, s'en trouvent assez distincts dans le sol qui leur convient, l'abri et les autres circonstances à prendre en considération lors de la culture des uns et des autres, pour qu'il soit utile de les séparer lorsqu'on veut s'instruire sur la manière de les cultiver, de les aménager, de les exploiter, et d'employer leur bois.

La culture des pins offre aussi à un plus haut degré que les sapins le grand avantage de n'exiger qu'une très-médiocre préparation du terrain; et comme pour ceux-ci, il est toujours inutile après l'ensemencement fait à demeure, il pourrait même être nuisible de leur donner des sar-

clages, binages, ou autres soins; il suffit de les
garantir de l'incursion du bétail, du gibier et
des autres animaux.

Il y a un assez grand nombre d'espèces et de
variétés de pins. Les uns ont des dimensions plus
ou moins grandes, d'autres n'en ont au contraire
que de plus ou moins petites, et d'autres enfin,
notamment dans les espèces exotiques, sont ou
peu répandues, ou peu acclimatées en Europe.

En raison de cela et de ce que je ne considère
ici les pins que sous le rapport de l'utilité de leur
culture en bois et forêts, je les diviserai en trois
classes, pour faire connaître ceux qui, à ma connaissance, sont avantageux à cultiver de cette
manière.

D'un autre côté, il y a à considérer et il importe beaucoup de remarquer que les espèces
à grandes dimensions diffèrent beaucoup entre
elles par la longévité, par les dimensions elles-
mêmes, qui sont plus fortes dans certaines
espèces et dans certaines variétés que dans
d'autres, ainsi que par la qualité de leur bois,
toutes choses qu'il importe beaucoup de prendre en considération dans la culture utile et en
grand, et sur lesquelles je m'appliquerai à donner des détails dans le chapitre suivant.

(15)

Première Classe.

Je la fais consister uniquement dans les espèces et variétés à grandes dimensions, dont la
culture m'est familière.

Premièrement, le pin maritime, aussi appelé
pin de Bordeaux, pin des Landes, etc. Il forme
une espèce très-caractérisée par ses feuilles, par
son écorce, par ses pommes et par ses graines,
qui diffèrent sensiblement de celles des pins sylvestres, ainsi que des autres espèces de pins.

Ce pin est fort multiplié dans les landes de
Bordeaux, et dans le Maine, où mal-à-propos
on lui donne la dénomination de sapin, pour réserver celle de pin exclusivement au pin sylvestre dit d'Écosse, qu'on y cultive également, mais
en bien moins grande quantité que le maritime.

Il est le plus hâtif des pins à grandes dimensions, mais il est plus approprié aux contrées
méridionales que le pin sylvestre ; sa culture
est plus particulièrement facile ; il prospère mer-
veilleusement dans les terrains secs et arides ;
mais il est indispensable qu'ils ne soient pas de
nature à déchausser par l'effet de la gelée, et qu'il
puisse y enfoncer sa racine, pour ainsi dire unique et très-pivotante.

Cette espèce très-caractéristique de pin paraît exister en France de temps immémorial, et être indigène à ses parties méridionales.

Secondement, les pins sylvestres, que, sous le rapport de la culture en bois et forêts, on peut distinguer en trois ou même en quatre variétés; savoir :

1°. Le pin de Genève, nommé aussi pin de Tarare, pin commun de France, etc.;

2°. Le pin rouge (d'Europe), appelé pin d'Écosse ;

3°. Le pin de Riga, qui reçoit aussi la dénomination de pin de Russie, de pin du Nord, de pin de mâture, etc.;

4°. Et peut-être le pin d'Allemagne, nommé aussi pin d'Haguenau, et pin sauvage, s'il ne doit pas être réuni au pin de Riga.

Ces trois ou quatre variétés de pins sylvestres diffèrent entre elles par leurs dimensions; en général, elles sont plus fortes que dans le pin maritime; leur bois est un peu plus estimé que celui-ci. Ils s'accommodent davantage de la température froide, prospèrent même dans les lieux bas et humides comme dans les endroits élevés; mais leur maturité n'arrive qu'à près du double des années nécessaire au pin maritime pour donner à son propriétaire toute la valeur pécuniaire

dont il est susceptible, et à la société consommatrice des moyens de pourvoir à ses besoins.

La première variété, ou le pin de Genève, paraît exister si anciennement en France, qu'on
est autorisé à l'y croire indigène.

Il en est de même de la seconde variété, ou
pin d'Écosse. Je tiens de M. de Musset de Cogners que c'est l'espèce ou variété sylvestre qui
se trouve dans le Maine.

Mais pour la troisième variété, ou pin de
Riga, il paraît qu'elle n'a été introduite en France
que vers 1770 (1) par M. Barbey, maître-mâ-
teur du port de Brest, comme l'expliquent M. de
Malesherbes, page 160 à 163, et M. Fougeroux
de Blavau, neveu de notre savant et laborieux
Duhamel du Monceau.

Enfin, la quatrième variété, ou pin d'Haguenau, paraîtrait assez ancienne en France, parce
qu'on pourrait la considérer comme formant les
forêts de pins de l'Alsace et de la Lorraine.

---

(1) Cette époque résulte de ce que M. de Blavau, que je
vais citer, dit que c'était sous le ministère de M. de Praslin;
de ce que M. de Malesherbes dit, de son côté, qu'à l'arrivée
des graines le ministère avait changé; et de ce qu'il est historique que ce fut à la fin de 1770 que cessa le ministère de
M. de Choiseul, par conséquent de M. de Praslin, son frère.

Troisièmement. Le pin laricio, dont il paraît y avoir plusieurs variétés ; savoir,

Le laricio de l'île de Corse,

Le laricio du mont Sila en Calabre,

Le laricio de Caramanie ou d'Asie mineure,

Le laricio d'Amérique, où il reçoit la dénomination de pin rouge, et même d'autres,

Et le laricio d'Autriche ou de Hongrie.

Cette superbe espèce de pin réunit beaucoup d'avantages, tels que de fortes dimensions en grosseur comme en hauteur ; une forme pyramidale, qui donne le moyen d'avoir un plus grand nombre de sujets sur la même étendue superficielle ; un bois plus beau et de meilleure qualité que dans les autres espèces, etc., etc.

Mais son âge de maturité paraît être encore plus tardif que dans le pin sylvestre, chose qui, lors d'une création de bois, doit être prise en grande considération.

Du reste, l'introduction des pins laricios est très-moderne en France continentale.

Voici comment je l'explique :

Selon l'*Almanach du bon jardinier*, des années 1807 à 1817, rédigé alors par M. Mordan de Launay, sous-bibliothécaire au Jardin du Roi, la variété dite de Corse aurait été introduite en France par M. de Turgot, sous son ministère, par conséquent au commencement du règne de Louis XVI. J'ai inutilement fait, en 1824 et 1825, des recherches, même à Bons près Falaise, terre de la famille de M. de Turgot, qui l'habitait, pour rendre constant ce fait, qui n'a rien que de vraisemblable, et qu'on peut d'autant moins révoquer en doute que M. de Fougeroux de Blavau en parle dans ce sens, page 75 de son *Mémoire sur les pins*. Toutefois, il en existe, à ma connaissance, d'évidemment antérieurs à l'époque du ministère de M. de Turgot, tels que celui de la maison qui appartenait à M. Leroi, lieutenant des chasses du Roi, à la porte du Buc au Petit-Montreuil, attenant Versailles : il provenait de l'ancienne pépinière royale de Vaucheron, entre Bailly et Noisy, près cette ville, et fut donné à M. Leroi par M. l'abbé Nolin, directeur de la pépinière du Roi au Roule ; tels encore que le beau laricio de Corse, qui est au milieu de l'École de botanique au Jardin du Roi à Paris, puisqu'il a été transplanté là en 1774, ayant déjà quelques années de semis.

Quant au laricio de la Calabre, son introduction en France est due à M. Vilmorin, qui en a reçu des graines directement du pays, dans les trois années 1819, 1820 et 1821, en une quantité assez considérable, puisqu'elle est d'environ cent livres pesant ou trois millions de graines. Cependant on en a montré à M. Vilmorin, à M. de Lorgeril et à moi, en mai 1825, deux sujets âgés de vingt-cinq à trente ans, qu'on dit être de cette variété, dans le parc de la Malmaison, près Paris.

Le laricio de Caramanie ou d'Asie mineure est moins multiplié en France que celui de Calabre; mais il y est antérieurement à celui-ci. Son introduction est due à M. Olivier de l'Institut, qui en a rapporté les graines lors de son retour, en 1798, du voyage qu'il fit au Levant. Ces graines furent, sinon exclusivement, du moins principalement, confiées à M. Cels père, qui en a obtenu une vingtaine de pieds, à ce que M. Bosc, qui a étendu son intérêt à cette belle variété, m'a fait l'honneur de m'écrire le 6 juin 1825. Un de ces sujets est dans le jardin de M. Pérignon à Auteuil, où M. le général Tirlet, son gendre, me l'a fait voir; un autre, qui nous fut montré, à M. de Lorgeril, à M. Vilmorin et à moi, dans le parc de la Malmaison, donnait des graines fertiles en 1825. M. Noisette en possède également un sujet, dont il m'a donné deux cônes. Enfin, le sujet conservé par M. Cels fils, et provenant du semis de son père, a donné

aussi des graines fertiles au printemps de 1825,
et il en a profité pour se procurer de nouveaux
sujets. Précédemment il l'avait multiplié par la
voie de la greffe ; mais par erreur on a donné,
dans son établissement, à ce pin d'Asie la dénomination de pin de la Romanie, qui est en Europe.

Le pin laricio d'Amérique paraît exister et
être assez multiplié en France, à ce que j'ai appris pour la première fois le 20 août 1825, en
revoyant les sujets du jardin de M. Guy à Saint-
Germain-en-Laye. Il me fit part qu'il avait trouvé
dans les papiers de son père que c'étaient des
pins rouges d'Amérique, et qu'il était très-mémo-
ratif qu'ils n'avaient pas été plantés avant 1801.
On les réputait être des laricios de Corse, quoiqu'ils présentassent un aspect un peu différent,
et c'est sous cette dénomination qu'il en a été
livré au Jardin du Roi, il y a cinq ou six ans,
vingt mille cônes ou environ vingt-cinq livres de graines, qui ont été distribués comme
étant des laricios de Corse. Il en a été aussi
donné à l'intendance de la maison du Roi, et j'en
connais quelques sujets au parc royal de Boulogne, où ils ont été successivement semés et
transplantés par les soins de M. d'André, que
la science administrative et forestière a subitement perdu au mois de juillet dernier, et de

M. F. d'André, l'un de ses fils. M. Vilmorin en possède également, et M. de Soulange en a reçu deux milles cônes de M. Guy au printemps dernier.

Enfin, à l'égard du laricio d'Autriche ou de Hongrie, je n'en connais pas de sujets en France. Leur existence, qui a été publiée par M. Loiseleur-Deslongchamps dans le *Nouveau Duhamel*, comme l'ayant apprise de M. Noisette, m'a été confirmée et expliquée par celui-ci, qui les a vus lorsqu'il fut dans le pays, à l'invitation de M. le prince d'Esterhazy.

Quatrièmement. Le pin du lord Weimouth, appelé aussi indifféremment pin du lord, pin Weimouth.

C'est un pin magnifique et susceptible d'être élevé en bois et forêts ; il est originaire d'Amérique, d'où il a été introduit en Angleterre en 1705 par le lord Weimouth, dont on lui a donné à juste titre le nom en Europe ; car en Amérique il est généralement dénommé pin blanc et quelquefois autrement, comme le rapporte M. Michaux, en son *Histoire des arbres forestiers de l'Amérique septentrionale.*

Ce pin ne paraît pas avoir de variétés ; mais le pin cembro, qui est d'Europe, et qui, comme lui, est à cinq feuilles, offre le même aspect que les jeunes pins du lord, qui parviennent à la plus grande hauteur, tandis que les plus beaux cembros ne paraissent pas dépasser trente pieds.

Du reste le pin du lord a, comme à-peu-près tous les arbres d'Amérique, besoin d'un sol humide pour prospérer, et arriver à toutes les belles dimensions dont il est susceptible.

Seconde Classe.

Je la compose des pins à petites dimensions, ou des pins souvent nains. Je m'étendrai peu à leur égard, parce qu'ils ne sont pas dans le cas d'être cultivés avec avantage en bois et forêts.

Tels sont le pin mugho, qui souvent n'est qu'un arbrisseau ; le pin nain, qui prend sa dénomination de la petitesse de sa tige, d'ailleurs excessivement rameuse, et quelques autres espèces indigènes à l'Europe, mais qui ne conviennent qu'à l'ornement des jardins et à compléter des collections.

J'en dirai autant du pin cembro, qui, comme je l'ai observé il y a un moment, a le grand avantage d'avoir l'aspect et d'approcher de la beauté des jeunes pins du lord, mais qui n'est pas dans le cas d'être cultivé avantageusement, parce qu'il ne peut pas concourir d'avantages avec le pin sylvestre, qui prospère dans les mêmes lieux que le cembro.

Troisième Classe.

Je la fais consister dans le pin - pignon ou pin - pinier, ainsi que dans le pin d'Alep ou le pin de Jérusalem, qui ont souvent en Provence d'assez belles dimensions ; mais on ne peut guère les cultiver en grand ailleurs que dans les parties les plus méridionales de la France, où, à la vérité, ces deux espèces sont susceptibles d'utiliser, avec de grands avantages, les terres incultes de ces contrées impropres aux céréales. D'ailleurs, je n'ai pas été dans la position d'étudier leur culture : ainsi je m'abstiendrai d'en parler autrement.

D'autres pins, tous exotiques, tels que le pin de New-Jersey,

Le pin austral,

Le pin mitis,

Le pin tæda,

Le pin résineux,

Et quelques autres, qui ont des dimensions plus ou moins avantageuses, n'existent guère encore en France que chez quelques amateurs :

je n'en puis donc pas parler sous le point de vue dont je m'occupe.

Résultat.

Ainsi, je pense que ce sont les pins maritimes et autres dont j'ai composé la première classe, que, dans l'état actuel des connaissances, il faut exclusivement adopter pour la culture en bois et forêts.

CHAPITRE III,

OU JE COMPARE ENTRE EUX LES PINS DONT J'AI
FORMÉ LA PREMIÈRE CLASSE, SOUS LES DIFFÉRENS
RAPPORTS DE LEUR AGE DE MATURITÉ, DE LA
FACILITÉ DE LEUR CULTURE, DE LEURS DIMEN-
SIONS, DES QUALITÉS DE LEUR BOIS ET DE LEUR
AUBIER.

Il convient d'examiner séparément chacun de
ces divers points de vue, et c'est ce que je vais
faire en les discutant successivement.

Sous le Rapport de l'âge de maturité.

Je ferai cet examen dans l'ordre progressif
du nombre des années nécessaire à tout l'accroissement de chaque espèce de pin.

Quoiqu'il n'y ait rien d'absolu sur cet âge de
maturité dans chaque espèce, ainsi que dans
chaque variété, parce que le sol, le climat et
l'exposition exercent une influence très - mar-

quée ; néanmoins on peut se faire une idée assez exacte à cet égard, parce que cette influence ne se borne pas à une seule ou à plusieurs de ces espèces et variétés, mais qu'elle s'étend à toutes, de telle manière que les mêmes circonstances produisent, dans une espèce, les mêmes effets que dans une autre, et parce que, d'ailleurs, ce n'est que par exception qu'il arrive des variations sur l'âge de maturité dans chaque espèce ; en général, la différence est constante et au degré que j'énoncerai.

Examinant donc cet âge de maturité en général, et dans l'ordre progress. du nombre d'années nécessaire, je dirai que le pin maritime est le plus hâtif des pins à grandes dimensions. Dans le Maine, il est mûr au plus tard à soixante ans et souvent plus tôt. Dans la contrée de la Normandie où je cultive, je vois, par l'exemple de ceux de la jolie terre du Bois-David, appartenante à M. de Ribard, dans un terrain, un climat et une exposition semblables aux miens, que cette maturité arrive plus tôt, et que probablement on peut la considérer comme arrivant, dans cette contrée, à l'âge de quarante à cinquante ans.

J'en conclurais volontiers qu'à terme moyen, c'est dès l'âge de cinquante ans de semis à demeure, que le pin maritime arrive à tout son accroissement.

Les pins sylvestres ont constamment besoin d'un plus grand nombre d'années pour parvenir à tout leur accroissement. Dans le Maine, c'est quatre-vingts à cent ans. En Allemagne, M. de Burgsdorf fixe à cent quarante ans l'âge de maturité du pin sauvage, et M. Hartig (pages 29 et 30) parle de soixante à soixante-dix ans pour les mauvais sols, mais de cent vingt à cent quatre-vingts ans pour les bons terrains. Nonobstant ces grandes variations d'âge, j'incline à penser que, pour se faire une opinion dans l'objet dont je m'occupe, on peut en France adopter au *maximum* l'âge de cent ans pour être celui auquel les pins sylvestres arrivent à tout leur accroissement, ou le double de ce qui est nécessaire au pin maritime.

Mais dans les pins sylvestres, qui offrent plusieurs variétés, n'y a-t-il pas des différences telles, que l'une parvienne beaucoup plus tôt que les autres à maturité? Rigoureusement parlant, je l'ignore ; mais je suis porté à croire que l'espèce ou variété dite de Riga arrive à sa maturité plus promptement que les autres espèces ou variétés de pins sylvestres. Je me fonde, 1°. sur ce que feu M. Poussou, de Hollande, qui cultivait assez en grand le pin de Riga par la voie du semis à demeure, dans sa propriété près de Bergerac en Périgord, avec des graines qu'il avait apportées de Russie, m'a écrit que, dès l'âge de huit ans de semis, ses sujets lui avaient donné des graines si positivement fertiles, qu'il en était provenu d'autres sujets végétant avec plus de vigueur que ceux résultés des graines tirées de la Russie ; 2°. sur ce qu'il est constant dans le Maine et en Allemagne, que ce n'est cependant que vers l'âge de quinze ans que les pins sylvestres de ces contrées donnent des graines fertiles, ce qui ferait une différence à-peu-près du simple au double à cet égard, entre les pins sylvestres et celui de Riga ; 3°. et que si l'époque où les pins sylvestres donnent des graines fertiles est un signe caractéristique de l'étendue de l'espace de temps qu'ils mettent à prendre tout leur accroissement, comme on peut l'induire de la comparaison du pin maritime, qui donne des graines fertiles à huit ans et qui arrive à maturité vers cinquante ans, avec les pins sylvestres qui ne donnent des graines fertiles qu'à quinze ans, mais qui n'arrivent à maturité que vers cent ans, on pourrait croire que le pin de Riga donnant des graines au même âge que le pin maritime, il arrive comme lui à tout son accroissement vers cinquante ans ; ce qui serait digne de remarque, par la raison qu'il paraît être le meilleur des pins sylvestres, tant parce qu'il a de plus fortes dimensions en grosseur comme en hauteur, que parce que la qualité de son bois est réputée meilleure que celle du bois des autres pins sylvestres.

Pour les pins laricios, je ne connais rien de précis sur leur âge de maturité ; mais je conjecture que c'est vers cent vingt ans, et je le conjecture avec d'autant plus de confiance, que M. Bosc m'a manifesté cette opinion par une lettre du 15 mars 1823.

Cela est d'ailleurs justifié par une remarque que je suis parvenu à faire au mois de juillet 1824 ; car, étant retourné, à cette époque, avec M. Vilmorin, visiter dans le parc de Bruyères-le-Châtel les laricios de Corse qui y sont au nombre de cinq cents environ, et que nous savions, par M. Villers, y avoir été plantés en 1811 en jeunes sujets de la hauteur d'environ trois pieds, nous y avons trouvé, en compagnie du propriétaire, M. Théodore Charlet, secrétaire des commandemens de *Madame la Dauphine*, du semis naturel d'un an et davantage. De plus, nous avons su du pépiniériste, voisin et locataire de M. Charlet, qu'il avait obtenu, cette saison même, environ cinq cents jeunes sujets avec les graines d'une centaine de cônes qu'il avait ramassés aux pieds de ces laricios. Or, l'âge de ceux-ci ne pouvant varier que de seize à vingt ans, il m'a été démontré que les pins laricios de Corse donnaient des graines fertiles vers dix-huit ans d'âge : en sorte que par analogie avec les pins maritimes qui en donnent dès huit ans, et qui sont mûrs à cinquante ans, ainsi qu'avec les pins sylvestres, qui n'en donnent qu'à quinze ans, mais qui ne sont mûrs qu'à cent ans, j'en conclus que les pins laricios acquièrent probablement tout leur accroissement vers l'âge de cent vingt ans.

Enfin, à l'égard du pin du lord, j'observerai que sa culture est encore trop moderne en France, pour avoir des connaissances d'expérience sur l'âge où il parvient à tout son accroissement ; mais j'ai la persuasion que ce n'est pas avant cent ans, et, d'un autre côté, que ce n'est pas au-delà de cent cinquante ans. Je me fonde sur ce qu'il paraît donner des graines fertiles vers l'âge de vingt ans de semis ; car, feu M. d'André, intendant des domaines de la Couronne, m'ayant, peu de jours avant sa mort, engagé à en récolter des pommes sur des sujets qui annoncent avoir au plus cet âge, et qui en montraient en assez grande quantité sur deux points du parc royal de Boulogne, afin de vérifier si les graines qu'elles pourraient avoir seraient fertiles, et M. F. d'André, conservateur des bois et forêts du Roi, s'étant obligeamment empressé de me faire récolter de ces pommes au mois de septembre 1825, j'en ai obtenu des graines qui, pour la plupart, ont une amande si nourrie, que je ne doute pas qu'au printemps prochain, le semis que j'en ferai plus ou moins rustiquement sur divers points, ne me donne des sujets qui justifieront pleinement leur fertilité.

Sur la Facilité de la Culture.

Cette expression, *facilité*, est constamment applicable à tous les pins dont j'ai formé la première classe, parce qu'aucun n'est difficile dans sa culture ; mais comme c'est à des degrés qui offrent des différences, j'observerai que le pin maritime me paraît être le plus rustique et le plus facile à multiplier par la voie du semis à demeure dans les sols qui lui conviennent. La grosseur de sa graine, qui ressemble un peu à celle du café, et davantage à la graine du soleil, est toujours pourvue d'une amande bien

nourrie, et doit lui donner des moyens tout particuliers de végétation dans le début à la vie.

Les pins sylvestres ont tous une graine plus
ou moins menue; elle a besoin, pour mieux
végéter, que la terre à laquelle on la confie
soit préparée d'une façon moins rustique que
pour le pin maritime; mais à cette nuance près,
les semis de ces deux espèces sont toujours très-
prospères.

Les pins laricios sont également très - rustiques dans leur multiplication par la voie du
semis à demeure, du moins j'en ai l'expérience
personnelle pour le laricio de la Corse et pour
le laricio de la Calabre. Leur graine, qui est
plus grosse que celle des sylvestres, et moins
que celle du maritime, est ordinairement pourvue d'une amande dont la vue inspire de la
confiance dans sa germination.

Quant au pin du lord, dont la graine ressemble beaucoup à celle des laricios, si la multiplication par la voie du semis à demeure est
moins facile, c'est parce qu'il demande à être
placé dans des endroits un peu humides, et
que ces localités foisonnant presque toujours
d'herbe, il est assez difficile d'y faire des semis
en grand, et de les abandonner ensuite à eux-
mêmes ; mais là où on n'aurait pas l'obstacle

de l'herbe à vaincre, il m'est démontré par mes semis personnels, à la vérité faits sur une fort petite échelle, que le pin du lord peut réussir presque aussi bien que les autres espèces, par la voie des semis rustiques et à demeure.

Sur les dimensions des Pins en grosseur et en hauteur.

Dans le pin maritime, la grosseur est satisfaisante lorsqu'à son âge de maturité elle est de cinq pieds en circonférence à trois pieds au-dessus du sol. Elle est souvent moindre, mais il n'est pas rare qu'elle soit au-dessus.

Sa hauteur est communément d'environ soixante pieds.

Ces deux dimensions varient selon que les arbres sont en massifs, ou qu'au contraire ils sont en bordures, ou bien qu'ils sont isolés. Dans le premier cas, ils sont moins gros et plus élevés ; dans le second, ils doivent être tout-à-la-fois gros et élevés ; enfin, dans le troisième cas, ils doivent être plus gros, mais moins hauts.

Les pins sylvestres sont généralement plus gros et plus élevés que les pins maritimes. On peut admettre que la grosseur du sylvestre est de six pieds, lorsque celle du maritime est de

cinq , mais c'est souvent plus ; et que la hauteur est de quatre-vingts pieds et davantage ,
dans le cas où elle est de soixante pieds pour
le pin maritime.

Ces dimensions des pins sylvestres sont d'ailleurs différentes selon les variétés, dont les unes
sont supérieures aux autres. Ainsi, le pin de
Genève est moins gros et moins haut que le
pin d'Ecosse. Celui-ci l'est à son tour moins
que le pin d'Haguenau ; mais la variété qui
paraît surpasser toutes les autres de l'espèce
sylvestre , c'est le pin de Riga. Je prends cette
opinion tout-à-la-fois de ce que j'ai entendu
dire à M. Bonard, directeur des constructions
maritimes au port de Toulon , de la supériorité
des dimensions du pin de Riga , tout en convenant que ce ne doit être que l'élite de cette
variété de pin sylvestre qu'on tire du nord
pour les ports de mer ; de ce que M. Poussou ,
de Hollande, qui en a vu en Russie et qui en
cultivait depuis un bon nombre d'années en
assez grande quantité, m'en a écrit ; de ce que
M. de Lorgeril, maire de la ville de Rennes , m'en
faisait remarquer au mois de mai 1825 , par
comparaison avec les pins d'Ecosse, parce qu'il
est familiarisé avec la connaissance des espèces
ou variétés sylvestres comme des autres arbres

3.

forestiers ; et enfin par ce que je vois des pins de Riga que j'ai commencé à semer à la fin de juillet 1819, comparativement aux pins d'Ecosse et de Genève, que j'ai également semés tant la même année que les précédentes et les suivantes.

Mais les laricios surpassent en dimensions les pins sylvestres (1), sur-tout le laricio de Corse, à l'égard duquel je possède des renseignemens divers et très-circonstanciés.

En Corse, il est fort commun que ce roi des pins d'Europe s'élève jusqu'au-delà de cent vingt pieds, dont moins de vingt sont en houpe, et plus de cent sont en tige nette de branches, sur neuf à douze pieds de circonférence.

Un des avantages de ce pin laricio sous le rapport des dimensions et de la quantité de matière, c'est que sa tige ne décroît que très-insensiblement de grosseur, et qu'il est, pour ainsi dire, aussi gros à cinquante pieds de hauteur qu'à sa base. Aussi, lors de la visite que le ministère de la marine fit faire en 1809 de

---

(1) Excepté l'élite des pins de Riga ; car je tiens de l'obligeance de M. Bonard que les plus beaux pins que la marine obtient de Russie, et qui deviennent fort rares, égalent en hauteur comme en grosseur les beaux laricios de Corse.

la seule forêt d'Aitonne, il fut reconnu que, dans les trois parties dont elle se compose, contenant ensemble environ cinquante mille arpens forestiers, il s'y trouvait cinquante - six mille laricios alors exploitables, propres au service de la marine, et cubant chacun en bois de ce premier service, à terme moyen, deux stères ou presque soixante pieds.

J'ignore, au moment présent, si les laricios de Calabre ont des dimensions égales à ceux de Corse. Je sais seulement, par M. Vilmorin, que M. Thomas, fils aîné, de Genève, qui, durant trois ans, lui en envoya des graines du pays même qu'il habitait alors et où il est mort, n'avait été déterminé à ces envois que parce que ces laricios étaient, à ce qu'il mandait, des arbres de la plus grande hauteur et de la plus belle venue. Or, M. Thomas, qui était d'ailleurs employé dans l'administration forestière du royaume de Naples, se connaissait en arbres de grandes dimensions, parce qu'il avait été familiarisé dans les Alpes avec les sapins et les mélèzes, qui y sont souvent si magnifiques. Toutefois, si on devait juger par les deux seuls sujets de vingt à trente ans qui se trouvent dans le parc de la Malmaison, et qu'on dit être de cette variété, on penserait qu'ils ne sont pas élancés comme les laricios de Corse ; qu'ils sont rameux, tandis que ceux - ci ont le précieux avantage de ne pas l'être.

A l'égard du laricio de Caramanie, ou plutôt d'Asie mineure, je sais seulement que c'est un grand arbre dans son pays, parce que M. Olivier, qui en a enrichi la France, dit, dans son *Voyage en Orient*, page 386 du tome 6, que les laricios de deux espèces qu'il rencontra en Caramanie, après avoir cessé de voir des pins d'Alep, sont des arbres de cent pieds de hauteur ; et qu'en parlant précédemment, page 8 du tome 2, de l'une de ces deux espèces qu'il avait déjà trouvée en Natolie, d'où proviennent les graines qu'il a rapportées, il dit que ce pin, portant une tige droite, acquiert une grosseur et une hauteur considérables. Si c'était l'élite qui eût cette hauteur de cent pieds, il faudrait dire qu'elle est inférieure à celle des laricios de Corse, qui surpassent cent vingt pieds. D'un autre côté, il reste à savoir si, comme ceux-ci, ils décroissent très-lentement de grosseur, s'ils ont peu de houpe, et si leurs rameaux sont pyramidaux. Or, ce qu'on en voit dans le peu de sujets résultés du semis des graines rapportées par M. Olivier, porterait à croire qu'ils sont très-rameux, et que leurs branches s'étalent beaucoup.

Le laricio d'Amérique paraît être constamment inférieur dans ses dimensions au laricio de Corse, puisque M. Michaux, dans son *Histoire des arbres forestiers de l'Amérique septentrionale*, dit que son élévation n'est que de soixante-dix à quatre-vingts pieds, et sa grosseur de cinq à six pieds en pourtour ; mais il a l'avantage de conserver celle - ci jusqu'aux deux tiers de sa hauteur.

Le laricio d'Autriche et de Hongrie a paru à M. Noisette, qui me le disait en juillet 1824, être très-inférieur dans ses dimensions au laricio de Corse, sur-tout en hauteur.

Enfin, le pin du lord surpasse en hauteur, même les laricios de Corse, puisqu'au témoignage de M. Michaux, qui a étudié cette magnifique espèce, comme tant d'autres, en Amérique ; il est fréquent d'en trouver de cent cinquante pieds de hauteur, et qu'on en cite de cent quatre-vingts pieds. Aussi une de ses dénominations en Amérique est - elle de *pin-baliveau*, parce qu'il surpasse tous les autres arbres de trente à quarante pieds ; ce qui annonce de loin son existence dans les parties de bois où il se rencontre mélangé avec d'autres espèces.

Sa grosseur est aussi très-considérable, comme on pourrait se le persuader par les sujets encore très-modernes qui existent en France (1). M. Michaux en a mesuré en Amérique qui, à trois pieds au-dessus du sol, avaient une circonférence de onze pieds et même de treize pieds six pouces.

Il est d'ailleurs rarement rameux, d'ordinaire sa tige est nette de branches jusqu'aux deux tiers et aux trois quarts de sa hauteur. Ses branches tallent d'autant moins, qu'elles sont courtes, et cette circonstance, ajoutée à l'extrême finesse de ses aiguilles, autorise à croire, que, dans la culture en grand, on peut en avoir un plus grand nombre que dans des espèces plus rameuses et moins élancées, dans une même étendue superficielle de terrain.

---

(1) Je trouvai en août 1825 une circonférence de sept pieds trois pouces six lignes à quatre peids au-dessus du sol à un des sujets du parc de Roissy, près Gonesse, ayant appartenu à M. le marquis de Caraman, et une hauteur de soixante-dix à quatre-vingts pieds. En octobre 1825, M. le baron de Monville, pair de France, ayant eu la bonté de me mener à Limesy, près la route de Rouen à Dieppe, pour visiter les belles plantations de feu M. de Toustain, nous y admirâmes une quarantaine de pins du lord, d'environ quatre-vingts pieds de hauteur, et dont la circonférence, pour les plus gros, s'est trouvée être aussi de sept pieds trois pouces.

Qualité du Bois des espèces comparativement entre elles.

Il m'est démontré que la qualité du bois du pin maritime est la moins précieuse de celles des pins à grandes dimensions dont j'ai formé la première classe.

Le bois des pins sylvestres est plus ou moins supérieur au maritime, suivant les variétés. Par exemple, je sais que dans le Maine, où on cultive le maritime et le sylvestre d'Ecosse, la différence est en faveur de celui-ci comme cinq sont à six.

Mais à en juger par l'emploi qu'on fait exclusivement du bois du pin sylvestre de Riga dans la marine, et d'ailleurs, d'après ce que j'ai entendu dire à M. Bonard, directeur des constructions du port de Toulon, il paraît que cette variété de l'espèce sylvestre a une qualité de bois supérieure non-seulement aux autres variétés de son espèce, mais même aux autres espèces de pins. J'ai appris aussi de M. Bonard que le bois du pin de Riga est rosé, tandis qu'il est constant que le bois du pin d'Écosse est blanc; j'en ai aussi appris que le bois du pin de Riga est fortement résineux, ce qui lui donne plus de liant et plus de souplesse; qu'il en résulte d'ailleurs l'avantage de maintenir les jointures des assemblages, que dans le chêne, la sécheresse fait disjoindre, au lieu que le bois de pin d'Écosse est sec et cassant.

Pour les laricios, je ne puis parler que de celui de Corse, avec lequel j'ai pu faire connaissance au moyen d'un échantillon que M. Bonard a eu la bonté de m'envoyer. J'y aurais trouvé au besoin la preuve que le bois est plus beau, plus onctueux et moins sec que le pin d'Écosse, et que par conséquent on peut le regarder comme supérieur au bois des pins sylvestres, autres cependant que celui de Riga, dont la résine, à ce que m'a observé M. Bonard, est répartie plus uniformément dans toutes les parties de son bois, au lieu que, dans le laricio de Corse, il arrive que cette résine, reconnue si avantageuse à la qualité des bois, est abondante dans certaines parties de la tige des arbres, et que d'autres parties en sont plus ou moins privées.

Quant aux pins du lord, c'est à M. Michaux qu'on doit des connaissances sur les qualités de son bois, comme sur tout ce qui concerne ce roi des pins d'Amérique. Or, d'après ce qu'il en dit, on doit penser qu'il est inférieur au pin de Riga, mais qu'il prend rang, sinon immédiatement après lui, du moins après le pin laricio de Corse.

Sur l'épaisseur de l'aubier des Pins et sur celle de leur écorce.

AUBIER.

C'est une chose à prendre en grande considération dans l'appréciation à faire des avantages d'une espèce ou variété de pin comparativement à une autre. Aussi M. Michaux s'est-il tout particulièrement attaché, dans son *Histoire des arbres forestiers de l'Amérique septentrionale,* à faire connaître l'épaisseur de l'aubier des nombreuses espèces d'arbres dont on lui doit la description.

Dans le Maine, il y a beaucoup de personnes qui nient que l'aubier des pins soit inférieur au bois du cœur, et leur opinion ne paraîtra pas étrange lorsqu'on voudra considérer que cette exception à la règle générale n'est pas révoquée en doute pour l'orme et pour le frêne, qui sont tant employés dans le charronnage, où on ne fait usage que de l'aubier, et où, pour certains emplois, on les dépouille du cœur avec autant de soin qu'on soustrait l'aubier au bois de chêne destiné à la menuiserie et à la bonne charpente.

D'ailleurs, il est constant, dans le pays du Maine, que les menuisiers et les fabricans de cuves destinées à garder l'eau, emploient l'aubier et le cœur du bois de pin sans distinction de l'un ou de l'autre.

Malgré cela, je suis très-porté à regarder comme avéré que l'aubier des pins est inférieur au bois de leur cœur, et qu'il est indispensable de les dépouiller de cet aubier toutes les fois qu'on les emploie en menuiserie, en charpente et en constructions de vaisseaux; sauf cependant ce qu'on doit penser de l'écorcement des arbres sur pied, dont je parlerai au chapitre XII.

Du reste, il paraît que l'épaisseur de l'aubier est plus forte dans les arbres des massifs que dans ceux des avenues et dans ceux qui sont isolés; que, dans un sol humide, les arbres ont plus d'aubier que dans un terrain sec, et que d'autres circonstances influent sur son épaisseur.

Mais raisonnant dans le cas où toutes choses sont égales, je dirai qu'au pays du Maine, où on cultive de temps immémorial les deux seules espèces, maritime et sylvestre d'Écosse, il a été reconnu que le pin maritime a un peu moins d'aubier que le pin d'Écosse; et dans une vérification faite en 1824 sur cinquante sujets des deux espèces, M. Lemarchand-Foulongne a trouvé que l'épaisseur de l'aubier y variait depuis deux jusqu'à cinq pouces.

Dans le laricio de Corse, cette épaisseur est plus considérable, puisque M. Bonard m'a appris, en février 1824, que d'après la vérification qu'il venait d'en faire sur un grand nombre de belles pièces de mâture existantes dans le dépôt du port de Toulon, l'épaisseur de l'aubier était, à terme moyen, des trois dixièmes du diamètre de ces pièces.

Ce résultat est bien différent de ce que M. Michaux a vérifié sur le laricio ou pin rouge d'Amérique. Il avait entendu souvent faire à son bois le reproche d'être surchargé d'aubier; mais en ayant fait la vérification, il ne lui en a trouvé que la douzième partie de son épaisseur.

A l'égard des laricios du mont Sila, en Calabre, de Caramanie ou d'Asie mineure, et d'Autriche ou Hongrie, j'ignore totalement ce qu'ils ont d'aubier.

Mais pour le pin du lord, M. Michaux a également vérifié que, comme le laricio d'Amérique, il n'en avait que la douzième partie de son épaisseur.

ÉCORCE.

Son épaisseur est plus ou moins imperceptible dans les pins sylvestres, les pins laricios, et le pin du lord, en sorte qu'à leur égard, elle ne fait pas éprouver de perte.

Mais dans le pin maritime, l'écorce est si épaisse, qu'elle doit être prise en considération, principalement sous le rapport de l'emploi de son bois en menuiserie, charpente, et construction de vaisseaux, parce qu'alors il faut l'en dépouiller, et que d'autre part, cette épaisseur d'écorce est si considérable, que dans la base des tiges, elle forme le quart de la circonférence des arbres.

Cette soustraction d'une quantité aussi considérable de la matière d'un arbre est même indispensable lorsqu'on emploie le bois de pin maritime au feu des cheminées, à cause du pétillement insupportable que produit ou l'écorce ou la dilatation de la résine comprimée par celle-ci en brûlant; mais cette même soustraction ne s'étend pas au cas d'emploi au feu des fourneaux, parce que leur clôture met à l'abri des inconvéniens de ce pétillement.

Du reste, il est reconnu dans le Maine que la

qualité combustible de l'écorce équivaut à celle
du bois proprement dit.

Conséquences à déduire de ces différens points de vue.

S'il était question d'envisager les choses sous
le rapport de la décoration, il n'y a nul doute,
ce me semble, qu'il faudrait donner la préférence au pin du lord qui, à la magnificence de
son aspect et à la beauté de ses dimensions,
joint l'avantage, précieux sous ce rapport, d'une
plus grande longévité que les autres espèces
de pins.

Après ce roi des pins d'Amérique viendraient
les laricios, ensuite le pin de Riga, le pin d'Haguenau et le pin d'Écosse; car le pin de Genève
me paraît, ainsi que le pin maritime, dépourvu
de mérite comme arbre de décor.

Mais envisageant les choses sous le rapport
des avantages que doit chercher, dans son intérêt et celui de sa famille, le propriétaire de
landes et de bois dégradés, je dirai que s'il n'a
pas à craindre l'excès de la production, et s'il a
sujet de croire aux débouchés de celle-ci, il doit
donner la préférence au pin maritime en tant
que son sol, le site et l'exposition le lui permet-

tront, puisque sa jouissance sera beaucoup plus rapprochée que dans les autres espèces de pins.

Toutefois, si ce propriétaire avait une grande étendue de landes et de clairières de bois, je trouve qu'il devrait s'attacher à cultiver toutes les espèces de pins à grandes dimensions, parce qu'en raison de cette étendue, il aurait besoin pour s'assurer des débouchés, de posséder des pins de toutes qualités et de toutes dimensions.

Dans les pins sylvestres, il aurait probablement à donner la préférence exclusive au pin de Riga, comme, dans les pins laricios, il est apparent qu'il devrait préférer celui de Corse.

CHAPITRE IV,

OU J'EXAMINE PLUSIEURS AUTRES CHOSES QUI SONT A CONSIDÉRER, AVANT DE S'ADONNER A LA CULTURE DES PINS.

Terrains propres aux Pins.

Les pins sont susceptibles de prospérer dans les sols les plus maigres, mais avec cette différence, qui leur est commune avec toutes les essences d'arbres, que plus le terrain est aride, moins leur végétation est riche. Mais aussi, ce qui est remarquable, et chose sur laquelle les savans sont d'accord avec les cultivateurs, c'est que les pins sont de tous les bois les moins difficiles sur la qualité du terrain, et qu'ils sont, plus que tous les autres, susceptibles d'utiliser les mauvais sols.

Il y a toutefois une distinction importante à faire à cet égard entre le pin maritime et les

4

pins sylvestres, en ce que ceux-ci croissent également bien dans les sols humides sans être inondés, dans les sols calcaires et dans les sols quartzeux ; tandis que le pin maritime ne prospère que dans cette dernière sorte de terrain. Il est même des pays calcaires où la terre déchausse si fortement, que les pins sylvestres ne peuvent pas ou ne peuvent que bien difficilement y être cultivés par la voie expéditive du semis à demeure. C'est principalement dans la Champagne dite Pouilleuse, où, à ce que feu M. l'administrateur Allaire, qui cultivait les pins sylvestres dans ses propriétés de cette contrée, m'a expliqué, qu'il est à-peu-près impossible d'employer le moyen expéditif et économique du semis à demeure, quoiqu'on n'y cultive que ces espèces ou variétés de pins, et non du maritime, qui ne pourrait pas y réussir. On est obligé, dans ce pays-là, de recourir à la voie lente et dispendieuse des pépinières et de la transplantation.

A cela près de cette différence, qui est importante à considérer, l'une et l'autre de ces deux espèces de pins s'accommodent fort bien des plus mauvais sols, c'est-à-dire des sols dont on ne peut tirer parti que par eux ; et, ce qui est digne de remarque, ce parti peut être si

productif, qu'il surpasse de beaucoup le produit des bons sols meublés de bois feuillus,
comme je l'expliquerai au Chapitre XIV, en
comparant les produits d'une pinière avec ceux
d'un bois de chêne ou autre essence feuillue.

Les pins laricios ne s'accommodent pas au
même degré que les pins sylvestres et que le
pin maritime d'un sol aride ; mais ils ne sont pas
difficiles sur sa qualité, et ils peuvent prospérer
avec tous leurs avantages là où le chêne ne
pourrait pas se soutenir avantageusement jusqu'à cent ans.

J'ai eu au surplus occasion de remarquer que
le laricio de Calabre paraît plus rustique que
celui de Corse, en ce que, dans le sol aride et
siliceux où je cultive, le laricio de Calabre
prospère mieux que celui de Corse. D'un autre
côté, des laricios de Calabre semés en 1819 et
en 1820 poussent vigoureusement dans une
localité basse et humide qui m'appartient, dans
la vallée de Montmorency, et où la terre déchausse; tandis que des pins du lord qui y ont
été semés en 1820 dépérissent.

A l'égard du laricio de Caramanie ou d'Asie
mineure, je n'ai, au moment présent, aucune
connaissance ni théorique ni pratique, sous le
rapport de sa culture en bois et forêts. Il en

est de même du laricio d'Amérique ; mais M. Michaux nous apprend que, dans son pays, il vient, comme les autres pins, dans les terrains arides et sablonneux ; et pour le laricio d'Autriche, je ne sais rien sur sa culture.

Quant au pin du lord, ce sont des terrains un peu humides qui lui conviennent davantage, quoiqu'il puisse prospérer, mais moins bien, dans d'autres sols. Aussi M. Michaux, dans son ouvrage précité, explique-t-il que la partie la plus déclive des vallons dont la terre est douce, friable et très-fertile, les bords des rivières dont la terre est composée d'un sable noir et profond et toujours frais, sont les endroits où se trouvent les sujets qui atteignent le plus grand développement; mais qu'on rencontre cette belle espèce de pin par-tout où le sol n'est pas trop maigre ni continuellement submergé.

Exposition solaire qui convient aux Pins.

Le pin maritime, comme étant plus approprié aux pays méridionaux, s'accommode particulièrement bien de l'exposition méridionale. Celle du couchant ni celle du levant ne lui sont pas défavorables, et il supporte même assez bien celle du nord ; mais il souffre dans sa jeunesse, lorsque, le froid étant excessif, il se trouve accompagné de brouillards ou d'humidité.

Les pins sylvestres sont des pins septentrionaux, et ils s'accommodent des expositions froides, comme le maritime de celles qui sont chaudes ; mais il peut braver les dernières et prospérer au couchant aussi bien qu'au levant.

Pour les pins laricios, où j'ai moins de connaissances pratiques, il m'a été obligeamment expliqué par une personne habitant la Corse, que c'est dans les vallées élevées dont la direction varie entre le nord et le nord-est, que les laricios croissent avec tous leurs avantages ; que la nécessité de cette exposition aux vents qui soufflent du septentrion au levant est tellement certaine, que les pins laricios placés sur le sommet de ces vallées, et par conséquent exposés aux émanations du sud, sont ralentis dans leur végétation, et sont en général faibles et rabougris. On ne voit d'ailleurs, ajoute cette personne, aucun pin laricio dans les vallées exposées aux vents d'ouest et du midi, quelle que soit, d'ailleurs, leur élévation au-dessus du niveau de la mer. Il végète avec force et il acquiert un développement extraordinaire dans les vallées qui lui conviennent, lorsque le sol sur lequel il est placé se trouve à quatre ou cinq cents toises au-dessus du niveau de la mer. Enfin, quoiqu'il existe au milieu de rochers granitiques sur une faible couche de terre, on remarque cependant que sa végétation est plus active dans les endroits où la fougère croît naturellement et en abondance.

Le laricio de Calabre étant indigène au mont Sila, qui est sur le revers occidental des Apennins, j'en conclus qu'une exposition au couchant, mais élevée, est ce qui lui convient parfaitement.

Je ne sais rien sur l'exposition où le laricio d'Asie prospère le plus avantageusement, j'en dis autant pour le laricio d'Amérique et pour celui d'Autriche.

Le pin du lord n'a pas, à ma connaissance, d'exposition solaire qui lui soit exclusive ; mais il s'accommode d'autant mieux de celles qui sont chaudes, qu'il s'y trouvera en terrain humide, par conséquent en terrain propre à donner une grande activité à la végétation lorsqu'il s'y joint de la chaleur.

Site ou situation topographique qui convient aux Pins.

Le pin maritime périt dans les lieux bas, humides, et particulièrement sujets à la gelée. On en a fait l'expérience dans la forêt de Fontaine-bleau, où, au bas du rocher d'Avon, les semis de cette espèce de pin ont péri ou sont restés affectés de la gelée ; tandis qu'ils ont prospéré à mesure qu'ils se sont trouvés placés au-dessus de la base de ce rocher jusqu'à sa hauteur. M. de Buffon rapporte dans ses *OEuvres expérimentales* avoir éprouvé le même sort dans les combes de ses bois en Bourgogne, c'est-à-dire dans des bas-fonds, où il gèle à-peu-près journellement, au lieu que les pins sylvestres y ont prospéré.

Ainsi, on doit tenir pour constant que le pin maritime ne peut prospérer que dans les lieux secs, dans les plaines exemptes d'humidité, et sur les montagnes de moyenne élévation.

Les pins sylvestres ont le triple avantage de prospérer dans les lieux bas, humides et sujets aux gelées pour ainsi dire journalières, en même temps qu'en plaines et que dans les lieux très-élevés.

A l'égard du premier de ces avantages, j'en ai été témoin dans le Maine, où c'est une chose usitée, depuis longues années, de placer le pin d'Ecosse dans les terrains dits mouilleux, pour me servir de l'expression du pays, comme de placer le pin maritime dans les terrains secs.

D'ailleurs, M. de Buffon atteste, dans ses *OEu-vres* précitées, en avoir fait l'expérience positive dans ses combes de Bourgogne, et la prospérité définitive de ses pins sylvestres dans ces localités d'une humidité si pénétrante m'a été attestée itérativement, dans ces dernières années, par des personnes qui les ont visitées dans la vue de les examiner.

Enfin, guidé tout-à-la-fois par ce que j'avais vu dans le Maine et ce que j'avais lu dans M. de Buffon, j'ai, en 1818 et depuis, transplanté et même semé à demeure, lorsque j'ai pu me défendre de l'herbe; j'ai, dis-je, semé et transplanté avec le succès le plus complet et le plus soutenu, des pins d'Ecosse dans des endroits de mes bois anciens et des bois que j'ai créés, où non-seulement le chêne gèle tous les ans, mais même le tilleul, le saule des bois et le bouleau.

A l'égard des laricios, je ne doute pas que les lieux élevés soient ceux qui leur conviennent le mieux; mais je suis porté à croire que celui de Calabre prospère également dans les lieux bas et humides, parce que je le vois végéter avec force dans ma petite propriété de la vallée de Montmorency, où des semis de pins maritimes, faits à diverses reprises, ont toujours fondu.

Et quant au pin du lord, tout constant qu'il

soit que les lieux bas lui conviennent plus particulièrement, on peut le placer, mais probablement avec moins d'avantage, dans des endroits
plus aérés, puisque M. Michaux atteste qu'en
Amérique il l'a trouvé dans les sites les plus
opposés, en ajoutant que la qualité de son bois
est différente selon qu'il croît dans un terrain
humide, ou que c'est dans un sol sec et élevé.

Les Pins sont-ils pivotans, ou sont-ils traçans ?

Cela importe beaucoup à savoir pour éviter
d'établir une espèce de pin qui serait pivotante
dans un sol où, à peu de profondeur, les racines
rencontreraient soit un tuf, soit un banc de pierres qui en arrêterait la végétation. Cela importe
également à savoir dans le cas où on serait obligé
de recourir à la voie de la transplantation, parce
qu'elle est d'autant plus difficile et plus chanceuse,
que les pins sont plus pivotans.

Le pin maritime est pivotant à un grand degré. Il n'a pour ainsi dire qu'une très-longue et
unique racine, peu de racines secondaires et
encore moins de chevelu.

On pourrait bien industriellement prévenir
l'allongement excessif de son pivot, lui procurer
des racines secondaires et même du chevelu,

en le transplantant dès la première année de son semis, et une ou deux fois après, avant de le transplanter définitivement, comme on le pratique avec un succès constant dans les pépinières ; mais cela n'est pas praticable dans la culture en bois et forêts, ou la culture utile et en grand, parce que là il faut tendre à opérer de prime abord et avec économie de travaux, de temps et d'argent.

Les pins sylvestres sont plus traçans que pivotans. Ils exigent moins que le maritime une terre profondément perméable aux racines : aussi sont-ils incomparablement plus que lui faciles à transplanter, parce qu'on peut toujours les lever en mottes, ce qui serait impossible pour le pin maritime de trois à quatre ans de semis, sans ébouter son pivot, si on ne lui avait pas préalablement fait subir des transplantations, dans le double objet d'affaiblir le pivot et de lui procurer des racines accessoires.

Les pins laricios, du moins celui de Corse et celui de Calabre, sont pivotans, mais à un moindre degré que le pin maritime, et ils sont pourvus de racines de côté, qui rivalisent de force et de grosseur avec la racine principale. Sans être dépourvus d'autres racines accessoires et de chevelu, ils en ont cependant peu ; aussi leur transplantation n'est pas aussi facile que celle des pins sylvestres; ils réclament d'être transplantés plus jeunes, et d'être placés dans un sol perméable aux racines à une assez grande profondeur.

Et à l'égard du pin du lord, le peu que j'en sais est que, nonobstant ses belles dimensions, il a de faibles racines, qui rendent sa transplantation au moins aussi facile que dans les espèces ou variétés sylvestres, et qui n'exigent pas pour sa prospérité un sol aussi profondément perméable que le demandent le pin maritime et les pins laricios.

Les Pins sympathisent-ils entre eux, et avec les bois feuillus?

ENTRE EUX.

Selon M. Varennes de Fenille, pages 228 et 229 de la seconde partie de ses œuvres, le pin maritime et le pin sylvestre ne sympathiseraient pas entre eux.

Cependant j'ai vu fréquemment le contraire dans le Maine, où la culture de ces deux espèces est séculaire. Quoiqu'en général les deux espèces se trouvent séparées l'une de l'autre, on rencontre asséz souvent des pinières où elles sont mélangées, et on n'y a pas d'idée que l'une soit nuisible à l'autre.

D'ailleurs, M. de Burgsdorf dit positivement en parlant du pin sylvestre, page 226 du tome II, qu'il sympathise avec tous les arbres résineux.

Je vois bien journellement, au bois royal de Boulogne, des pins laricios mélangés avec des pins sylvestres et des pins maritimes, sans qu'ils paraissent se nuire les uns aux autres. J'y vois également des pins du lord mélangés avec des laricios sans non plus d'inconvéniens apparens pour la végétation de l'une ou de l'autre espèce; mais ils ne sont pas assez avancés en âge pour en induire la preuve absolue de la sympathie qu'au surplus je suis porté à croire.

AVEC LES BOIS FEUILLUS.

A cet égard, il me paraît constant que la sympathie n'est que momentanée ; que peu-à-peu les arbres résineux détruisent les bois feuillus. Lorsque ceux-là parviennent à toute leur force, ils ne souffrent pas de mélange avec ceux-ci. A cette époque, les pins deviennent, comme l'exprime M. de Malesherbes, des arbres exclusifs et intolérans. M. Varennes de Fenille, M. Bosc, M. de Burgsdorf et M. Hartig expriment uniformément une opinion analogue.

CHAPITRE V,

OU JE TRAITE PLUS PARTICULIÈREMENT DE LA MA-
NIÈRE DE CULTIVER LES PINS EN GRAND, OU EN
BOIS ET FORÊTS.

CE ne peut être que par la voie du semis à
demeure qu'on crée des bois et forêts, sur-tout
dans les espèces résineuses, la transplantation
de leurs sujets étant moins praticable que dans
les espèces feuillues, parce que leurs racines sont
bien plus sensibles au hâle que ne le sont celles
des bois feuillus, et aussi parce que l'espace de
temps de l'année durant lequel on peut transplanter, est beaucoup plus circonscrit à l'égard
des bois résineux qu'il ne l'est pour les bois
feuillus.

Toutefois, comme il se rencontre des emplacemens rebelles au semis à demeure, il est bon
d'avoir des notions sur la transplantation des
pins, et j'en ferai l'objet du chapitre suivant;
j'y ajouterai l'indication du moyen de la greffe

mis en pratique, dans ces derniers temps, assez en grand pour qu'il soit utile d'en propager la connaissance : au présent chapitre je ne m'occuperai de la culture des pins que par la voie des semis à demeure.

A cet égard, feu M. de Perthuis fils ayant émis (1) une opinion assez contraire à ce que je vais dire sur la facilité de créer de grandes étendues de bois par cette voie des semis à demeure, je discuterai cette opinion avec d'autant plus d'empressement, que les connaissances, l'instruction et la réputation de son auteur doivent lui donner un grand poids; mais ce ne sera qu'après avoir exprimé ce que j'ai à dire sur la facilité de créer des bois de pins par la voie du semis, que je me livrerai à cette discussion, parce qu'alors elle deviendra plus facile et qu'elle devra être plus démonstrative.

Quelle préparation doit-on donner au sol pour le semer en pins?

J'ai trouvé dans les auteurs qui ont écrit sur ce

---

(1) Page 57 et suivantes du tome VI de la première édition ; 531 et suivantes du même tome de la seconde édition du *Nouveau Cours d'agriculture*, par des membres de l'Institut.

point d'agriculture une dissemblance d'opinion
assez caractérisée, puisque les uns recommandent
une préparation soignée; tandis que les autres,
au contraire, ne veulent qu'une demi-culture,
en expliquant qu'ils la trouvent plus avantageuse
qu'une pleine culture.

Ce que j'ai été étudier en un bon nombre d'endroits, et ce que j'ai expérimenté dans ma culture personnelle ne me laissent aucun doute
qu'une préparation pour ainsi dire ébauchée
du terrain où on veut semer, est de beaucoup
préférable à la préparation soignée. Celle-ci est
fort préjudiciable dans les momens de hâle et de
sécheresse, une terre trop veule et labourée profondément ayant alors le double inconvénient
que me faisait remarquer sur place M. de Larminat, conservateur de la forêt de Fontainebleau,
de faire réchaud, par conséquent de dessécher
les filamens ou racines des jeunes sujets, et de
les exposer au déchirement, qui les fait périr par
l'effet du tassement insensible d'un terrain remué à une trop grande profondeur.

Lorsque j'ai eu à opérer dans des landes en
terrain plane, et dans de grandes clairières
d'anciens bois, j'ai employé le moyen expéditif
en même temps qu'économique d'un labourage
à la charrue; mais ces sortes de terrains exigent

une charrue plus forte que dans la culture arable; et mon sol étant excessivement tassé au point d'être comme cimenté, tellement que j'ai rencontré des endroits que la charrue n'a pas pu entamer, j'en ai fait confectionner une sur le modèle de celles de ma contrée, mais avec de plus fortes dimensions, c'est-à-dire une charrue normande, dite à déserter, et qui exigeait un attelage de quatre chevaux avec deux et même trois hommes, pour opérer un labourage que je me suis attaché à faire exécuter d'une façon rustique pour qu'il offrît plus de cavités, par conséquent plus d'abris aux graines et aux jeunes plants contre le hâle et contre la gelée, qui sont deux extrémités nuisibles aux arbres dans leur début à la vie.

Ce labourage n'a consisté que dans une seule façon, et je me suis bien gardé d'en faire donner deux ou davantage.

Ordinairement mon labourage a été fait en plein; mais dans le Maine, il est assez fréquent de ne le faire que par planches plus ou moins larges, avec des intervalles non défrichés de six pieds et davantage de largeur. C'est de cette façon que M. Trochu explique l'avoir exécuté dans les landes de ses propriétés de Belle-Ile-en-Mer. Dans mes derniers travaux à la charrue,

j'y ai fait procéder aussi de cette façon, et je
m'en applaudis.

Quand j'ai eu à opérer sur des terrains escar-
pés, sur ceux que ma charrue ne pouvait pas
entamer, et dans de petites clairières d'anciens
bois, où elle n'aurait pas pu manœuvrer, j'ai
fait préparer le terrain à bras d'homme, non en
plein, mais partiellement, et d'un grand nombre
de manières, qui toutes m'ont plus ou moins
bien réussi.

1°. J'ai fait faire de petits défrichemens d'un à
deux pieds de diamètre, écartés les uns des autres de quatre pieds non défrichés.

2°. D'autres d'une toise carrée, plus ou moins
écartés les uns des autres, quelquefois avec des
lignes de liaison entre eux d'une largeur de deux
pieds au plus.

3°. D'autres aussi d'une toise, mais seulement
en longueur, sur environ trois pieds de largeur,
écartés les uns des autres, ou des cépées d'anciens bois, de quatre, cinq et six pieds.

4°. Encore d'autres de quatre pieds carrés, au
même espacement entre eux que les précédens.

5°. J'ai fait faire, notamment aux extrémités
de mes divisions de bois en ventes, coupes ou
massifs, et particulièrement à leur pourtour, pour
les mieux dessiner et leur préparer une clôture,

de pareils défrichemens, d'une longueur indéfinie sur une largeur de trois pieds.

6°. J'ai encore fait faire de simples hoyages
en lignes, bandes ou rangées d'une longueur indéfinie et d'une largeur de trois à six pieds avec
des intervalles de six pieds ou davantage sans
être travaillés ; c'est-à-dire qu'au lieu d'enlever
la superficie du sol et de ramener la terre au-
dessous, on se bornait au remuage de cette superficie avec le hoyau. Ce travail ne retour-
nait pas la terre, mais il en déchirait la partie
gazonnée ; il mettait celle-ci en mottes, et il of-
frait des cavités où, comme dans le labourage à
la charrue, la graine trouvait, quoiqu'à un
moindre degré, un abri contre le hâle et contre
la rigueur du froid.

7°. Il m'est arrivé aussi de me borner à faire
gratter la terre de place à autre, avec une fourche à dents renversées, assez semblable à celle
des cantonniers des grandes routes ferrées. Cette
manière toute simple et très-expéditive de préparer et de faire simultanément le semis des graines de pins, m'a si bien réussi en 1818, que je
viens de m'y fixer pour les petits vides qui me
restent à semer en pins dans mes coupes de bois,
à mesure qu'elles arrivent à leur tour d'exploitation.

La profondeur des labourages à la charrue que j'ai fait exécuter a été d'environ six pouces. Il y aurait de l'inconvénient à excéder cette profondeur. Quant à la largeur des raies ou traits de charrue, je me suis attaché à ce qu'ils fussent de douze à dix-huit pouces, ce qui est l'inverse de ce qu'on pratique dans la culture arable, où, pour mieux ameublir le sol, on s'attache à ne donner qu'une largeur de six pouces à ces raies.

Dans les défrichemens à bras d'homme, autres que les simples hoyages du nᵒ. 6 et les déchirages du nᵒ. 7 ci-dessus, je me suis bien trouvé d'une simple profondeur de trois à quatre pouces.

Ce qui m'a paru le plus prospère dans ces différentes manières de préparer le sol à bras d'homme, ce sont les défrichemens où on a enlevé la première couche de terre, qui, chez moi, est presque toujours un terrain brûlant de bruyère; où on a mis le déblai sur les côtés ou jeté dans les intervalles non défrichés; mis à nu le terrain caillouteux et graveleux de mon sol excessivement siliceux, et qu'ensuite on a pioché ou piqué à la simple profondeur de trois à quatre pouces.

Au surplus, ces diverses manières de préparer le terrain à être ensemencé en pins m'ont donné occasion de remarquer;

5.

1°. Que les semis sont plus hâtifs et qu'ils prospèrent plus vigoureusement dans des landes proprement dites, que dans des clairières d'anciens bois ;

2°. Qu'en général les semis sont plus satisfaisans sur un labourage à la charrue, que sur un défrichement à bras d'homme ;

3°. Que sur un défrichement d'un ou deux pieds seulement de diamètre, les semis sont moins prospères que dans ceux de plus grandes dimensions ;

4°. Et que dans les simples hoyages et grattages dont j'ai parlé aux nos. 6 et 7 précédens, les sujets poussent beaucoup plus lentement que dans les endroits labourés à la charrue, et que dans les défrichemens qui sont piochés à la profondeur de trois à quatre pouces.

Mais les semis sur simples hoyages, pour être plus tardifs, n'en sont pas moins assurés. J'en ai l'expérience personnelle par mes semis assez étendus, faits aux printemps 1812, 1813, 1818, etc., et au besoin j'en aurais été convaincu en voyant, en 1818, dans la forêt de Rouvray, en compagnie de feu M. Ricard, qui en avait l'inspection, le semis de pin maritime qu'il avait fait exécuter avec un succès lent, mais certain, sur une étendue de cinquante arpens fo-

restiers , avec une préparation peut-être encore
plus rustique et plus simple , puisqu'on s'était
borné à déchirer tant soit peu le sol avec une
forte herse à dents de fer, qui avaient tracé de
légères lignes sur le sol couvert de bruyère ,
et dans lesquelles on s'était attaché à placer la
graine en la semant, sans autre travail. J'en aurais
au besoin été encore convaincu par le succès d'un
semis d'environ dix arpens forestiers, fait en 1813
et 1814, partie en pin maritime et partie en pin
sylvestre d'Allemagne, à l'extrémité de la forêt
des Alluets, sous la direction de M. Baudrillart,
sur une portion de landes appartenant aujour-
d'hui à M. de Chalandray et dépendant de sa
terre de Bazemont près Meulan , la préparation
du sol ayant simplement consisté à lever par lignes ou bandes le gazon, qu'on renversait sur
les côtés, et à y faire ensuite répandre la graine,
qui n'a été enterrée que par le piétinement d'un
troupeau de moutons qu'on y a fait passer.

Enfin, il m'est arrivé de faire des semis de pin
maritime et de pin sylvestre d'Écosse à l'aventure, je veux dire dans des clairières plus ou
moins garnies d'herbe et de bruyère. J'en ai ainsi
semé assez en grand, notamment dans les années
1812, 1813 et 1814. Dans les parties qui n'a-
vaient pas été précédemment labourées à la char-

rue, j'ai obtenu trop peu de succès pour ne pas regarder les semis faits à l'aventure dans des landes ou friches, sans aucune sorte de préparation du sol, et par imitation de ce que fait la nature, comme n'étant pas susceptibles d'être mis au rang des pratiques à adopter. Mais dans des parties qui avaient été labourées à la charrue six, sept ou huit ans auparavant, pour y semer sans succès des graines de bois feuillu, le pin maritime que j'y ai fait semer en abondance et à l'aventure, est devenu à la longue très-satisfaisant. Je dis à la longue, parce qu'il a été fort lent dans sa croissance, et que ce n'est qu'après huit à dix ans de son semis qu'il a pris de la force et de la hauteur.

De tout cela je conclus que la culture préparatoire des semis de pins peut être très-rustique et très-modérée; mais qu'il est utile, même indispensable, de faire un remuage quelconque du sol avant de l'ensemencer.

Du reste, cette préparation du sol est plus facile, ou au contraire elle est plus difficile lorsqu'on ne se borne pas au simple grattage, et en outre elle est alors différente selon l'espèce du terrain ; selon qu'il est en lande, ou qu'au contraire il est en culture ; qu'il est plane, ou qu'au contraire il est escarpé ; qu'il est en gran-

des clairières, ou qu'au contraire il est en petites ; qu'il est sans cailloux et sans pierres, ou
qu'au contraire il y en a qui empêchent le
travail de la charrue.

Ainsi, on n'est pas toujours libre d'employer
le moyen de la charrue pour préparer son terrain à être semé en graines de pins. Il faut souvent recourir au travail à bras d'homme. Le
premier moyen est tout-à-la-fois plus expéditif,
plus économique, lorsqu'on ne se borne pas au
simple déchirage du sol de place à autre, et
même plus avantageux à la prospérité comme à la
promptitude de l'accroissement des jeunes pins.

Au surplus, il y a toujours sous ce rapport
une distinction à faire entre les différentes espèces de pins. Le maritime s'accommode constamment mieux que les autres d'une préparation
rustique.

*Doit-on mettre un intervalle entre la préparation
du sol et le semis ?*

Selon ce que j'ai eu occasion d'expérimenter,
et ce que j'ai entendu dire dans le Maine et
ailleurs, l'intervalle entre la préparation du sol
et le semis est toujours une chose utile, souvent
nécessaire et quelquefois indispensable.

Cela est d'ailleurs la conséquence à déduire des principes généraux d'agriculture, suivant lesquels une terre, si bonne et si avantageuse qu'elle soit à la production, n'est néanmoins propre à la végétation des plantes qu'autant qu'elle est imprégnée des météores atmosphériques. Ainsi, une terre nouvellement défrichée et retournée est ou impropre à la végétation des graines qu'on y répand, ou elle y est moins propre immédiatement après son défrichement, qu'elle ne l'est après que sa superficie, mise à l'air, s'est saturée et s'est approprié les élémens propres à la végétation des plantes.

Il doit, au surplus, résulter de ces principes généraux que la nécessité de l'intervalle entre la préparation du terrain et son ensemencement varie dans son étendue selon la qualité ou l'espèce de ce terrain, c'est-à-dire selon qu'il est compacte, ou qu'au contraire il est léger; selon aussi qu'il est aigre ou humide, ou qu'au contraire il est sain et sec; selon encore qu'il est ferme et tassé, ou qu'au contraire il est mouvant; selon qu'il est en friche, ou qu'il est déjà en culture; selon encore que les labours préparatoires aux semis sont profonds, ou qu'au contraire ils le sont peu.

Dans ma culture personnelle, et malgré que

j'aie eu des exemples de succès de semis faits immédiatement après le remuage du sol, j'ai mis
en général plus ou moins d'intervalle entre ma
préparation du sol (lorsque je ne me suis pas
borné à un simple grattage avec la fourche à
dents renversées) et l'ensemencement, parce
que dans ma localité il est excessivement tassé,
qu'il est dur comme du fer lors des sécheresses, pour me servir de l'expression du pays:
au lieu que mes exemples de semis portent
sur des sols sablonneux, par conséquent très-
perméables aux influences atmosphériques dès
avant qu'il fût remué; et mes semis ont été
plus particulièrement avantageux là où j'ai mis
un intervalle de plusieurs mois. Il m'est bien
arrivé de faire semer des graines de pins et des
graines de bouleau sur des labours et sur des
défrichemens à bras tout récens ; mais ces semis
ont été moins prospères, ils ont même été absolument nuls à l'egard du bouleau, sur une assez
grande étendue, que je fis semer presque aussitôt
son défrichement à la charrue. J'attendis un an
sans que le semis parût: alors je fis réensemencer,
avec succès, toujours du bouleau sur la moitié
de ce terrain. J'attendis deux ans, mais aussi in-
fructueusement, pour l'autre moitié ; et d'après
cette expérience, j'ai cru pouvoir conclure que

dans ma localité, où le terrain en friche est excessivement tassé, il fallait nécessairement mettre un intervalle de quelques mois entre le défrichement et le semis.

A quelle époque de l'année doit-on semer les Pins ?

Je réponds sans hésiter que c'est au printemps. Cette époque est indiquée par la nature, du moins pour les espèces à grandes dimensions dont je m'occupe, à l'exception toutefois du pin du lord. C'est à cette époque du printemps que les pommes de tous les autres pins s'ouvrent par l'effet des premières chaleurs, et par conséquent c'est alors qu'à leur égard la nature sème. Quant au pin du lord, le semis naturel ayant lieu, dans le climat de Paris, dès la fin d'août ou le commencement de septembre, on pourrait procéder à son semis dès l'automne ; mais je crois qu'on peut l'ajourner au printemps.

Au surplus, la durée de cette époque du semis des graines de pins n'est pas restreinte aux seuls trois mois du printemps, elle s'étend à une partie de l'été et à presque tout l'hiver ; ce qui est d'un grand avantage lorsqu'on veut créer une grande étendue de bois et forêts.

J'ai semé avec beaucoup de succès dès le mois de janvier et celui de février, lorsque la température n'était pas assez rude pour geler la terre.

J'ai également semé avec un grand succès en mars, avril, mai, juin, même juillet et août. M. Poussou, de Hollande, qui opérait près Bergerac, en Périgord, semait son pin de Riga depuis le mois d'avril jusqu'au mois d'août.

Toutefois j'ai observé que mes semis du mois d'avril étaient plus exposés aux ravages des oiseaux, qui sont très-friands des graines résineuses et qui s'accouplent à cette époque.

J'ai aussi remarqué que mes semis de juin étaient moins satisfaisans, et qu'à moins d'être favorisés par la pluie, il était plus avantageux de les ajourner à la fin de ce mois-là ou dans tout le cours de juillet, lorsqu'on n'a pas été le maître de le faire en mai et précédemment.

Ainsi, d'après mon expérience personnelle, on pourrait semer les graines de pins avec plus ou moins de succès durant le long espace de huit mois de l'année ; ce qui ne doit cependant pas, à mon avis, empêcher de faire exécuter ses semis de bonne heure, par les différens motifs d'avancer la besogne, d'avoir des semis peut-être plus assurés, et de se soustraire aux inconvéniens

de la sécheresse, du hâle, etc., qui peuvent
survenir en haute saison.

J'ai quelquefois semé en octobre, mais alors
les graines n'ont germé qu'au printemps suivant.
Cette époque ne peut être utilisée que dans un
terrain sec, à l'abri des eaux stagnantes et de
celles qui par la pente du sol entraîneraient
graines et terre; mais les semis de cette époque
sont particulièrement exposés aux ravages des
mulots, qui, comme la volatile, paraissent excessivement friands de graines de pins.

La nature, comme je l'ai observé, sème le pin
du lord dès la fin de l'été; mais il ne lève qu'au
printemps. On peut donc préférer cette dernière
époque pour les semis industriels, sur-tout si
c'est à demeure et non pour se créer des
pépinières et des moyens de transplantation,
parce que les emplacemens où il doit le mieux
prospérer dans le semis à demeure, devant être
herbus et humides, les graines auraient à souffrir de ces deux circonstances.

Quantité de semence à employer par hectare.

Cette quantité, considérée sous le rapport du
nombre des graines, doit être à-peu-près la
même pour chaque espèce de pin; mais consi-

dérée par leur poids, la quantité en est très-différente selon qu'il s'agit du pin maritime, ou au contraire des pins sylvestres, et encore différemment s'il s'agit des pins laricios, ou du pin du lord, parce que le nombre des graines est plus considérable dans les espèces sylvestres, que dans les pins laricios et du lord, et encore davantage que dans le pin maritime.

En effet, dans le pin maritime il y a, à terme moyen, vingt mille graines dans un kilogramme, ou deux livres anciennes.

Dans le pin laricio, c'est environ soixante mille.

Il en est de même pour le pin du lord.

Mais dans les pins sylvestres, c'est, à terme moyen, cent cinquante mille.

Il faut, d'un autre côté, prendre en considération si la graine est fraîche, ou si au contraire elle est vieille, parce que moins les graines sont fraîches, et moins elles sont fertiles, et plus par conséquent il faut en employer pour semer la même étendue de terrain. Aussi M. Féburier observe-t-il, page 130 et suivantes, que non-seulement les vieilles graines sont plus tardives à germer, mais qu'elles donnent des sujets moins vigoureux.

Il y a aussi à considérer que, certaines années, les graines sont plus fertiles qu'en d'autres années. Il paraît que c'est lorsque les graines sont plus abondantes qu'elles sont plus fertiles.

Si donc on est dans le cas de croire à une in-fériorité dans la bonne qualité ou dans la ferti-lité des graines qu'on emploie, il est bon d'en augmenter la quantité.

Enfin pour déterminer cette quantité telle qu'il convient de l'employer pour semer un hec-tare, il faut distinguer le cas où le sol est plane et labouré en plein, d'avec le cas où cette éten-due de terrain est escarpée, et même du cas où étant plane, on ne l'aurait néanmoins labouré que par lignes ou bandes. Dans le premier cas, il y a plus de surface à ensemencer, et par con-séquent il faut une plus grande quantité de se-mence que dans les deux autres cas.

Maintenant j'observerai qu'il y a une base bien simple et bien certaine de régler la quan-tité de livres ou de kilogrammes nécessaire à l'ensemencement d'un hectare en pins, en con-sidérant que la superficie de cette étendue de terrain contient environ cent mille pieds carrés.

Or, M. Duhamel Dumonceau, qui fait auto-rité, et, depuis, M. Juge de Saint-Martin, qui a, comme M. Duhamel, semé des chênes à demeure, ont expliqué que, pour semer très-épais en glands, il fallait vingt-quatre boisseaux, ou au-

delà de cent vingt mille glands par arpent forestier, par conséquent deux glands et demi par
pied carré.

C'est d'après ces autorités, qui commandent
la confiance, et d'après mon expérience, que je
crois pouvoir dire qu'à l'égard du pin maritime,
et supposé que la graine soit fraîche, de bonne
qualité, et qu'il s'agisse de semer en plein un
hectare de terrain préparé par la voie du labourage à la charrue, il suffirait de trente à quarante livres pesant de graines, parce que cela
donne trois à quatre graines par pied carré, ou
moitié en sus de ce que M. Duhamel a enseigné
pour les glands, qu'il en doit résulter au moins
cent mille sujets, ou un par pied carré; qu'à ce
nombre, c'est un semis si épais, qu'à peu d'années de là, il faut y faire un premier éclaircissement qui réduise le nombre de ces sujets à vingt
mille, par conséquent qui en fasse supprimer
brusquement les quatre cinquièmes, et qu'il faudra répéter ces éclaircissemens jusqu'au nombre
de mille à quinze cents sujets, ou, en d'autres
termes, à la soixante-sixième, si ce n'est pas à la
centième partie des sujets existant pendant les
premières années d'après le semis.

Ces réductions successives et nombreuses peuvent expliquer et justifier l'opinion des per-

sonnes qui, comme M. de Turbilly, M. de Menjot d'Elbenne, et autres, indiquent comme suffi-
santes trois et même deux graines de pin maritime par pied carré.

Pour les pins sylvestres, je pense qu'il convient d'élever le nombre des graines à quatre ou
cinq par pied carré, parce que plus les graines
sont menues, plus elles ont de chances défavorables pour germer et lever, outre qu'il arrive
plus fréquemment dans les pins sylvestres que
dans les autres espèces, de rencontrer des graines
infertiles, creuses ou incomplètes. Ainsi à leur
égard, la quantité en poids doit être de trois kilogrammes ou six livres anciennes par hectare.

La graine des laricios, lorsqu'elle n'est pas
creuse et qu'elle est pourvue d'amande, a une
vertu germinative aussi forte que la graine de
pin maritime. Il doit donc suffire de trois ou
quatre graines par pied carré, par conséquent il
faut environ six kilogrammes ou douze livres pesant pour ensemencer un hectare.

Il en est de même pour le pin du lord, parce
que l'amande de sa graine est ordinairement aussi
nourrie que celle des laricios, et que le nombre
des graines est à-peu-près le même dans un kilogramme de l'une et de l'autre espèce.

*Faut-il recouvrir à la herse ou autrement les
semis de Pins, et à quelle épaisseur?*

Pour résoudre cette question, je dirai :

Premièrement. Les principes en cette matière
sont que, plus les graines sont petites et légères,
moins il faut les recouvrir.

D'un autre côté, les graines des espèces qui,
comme les pins, le hêtre, et quelques autres,
poussent leur coque en dehors lors de la germination, exigent en raison de cette circonstance,
d'être encore moins recouvertes de terre que les
autres graines du même volume et du même
poids, comme l'observent, entre autres personnes,
M. de Buffon, page 288, M. Juge de Saint-Martin, page 6.

Secondement. On sent, d'après ces règles générales, qu'il faut distinguer dans la pratique le
pin maritime d'avec les autres espèces. Sa graine,
ayant plus de volume et plus de poids, doit être
plus recouverte que les graines de pin laricio
et que la graine de pin du lord, qui ont moins de
volume et moins de poids. Les graines des pins
sylvestres, étant plus ou moins menues, elles
doivent être recouvertes à une moindre épaisseur que les autres.

La qualité du sol exerce aussi une influence sur l'épaisseur du recouvrement des graines; plus le sol sera léger et perméable au gaz oxigène, et plus cette épaisseur pourra être forte, comme l'observe M. Bosc, aux articles *Germination* et *Oxigène*, pages 386 du tome VI et 330 du tome IX.

Il faut aussi prendre en considération la préparation donnée au terrain : si c'est un labour unique et fait d'une façon rustique sur une lande ou friche, le recouvrement des graines pourrait avoir le grave inconvénient de les ensevelir sous les gazons et les mottes de terre. En un tel cas, je suis convaincu qu'il vaut mieux ne pas herser les semis; les graines se trouveront suffisamment enterrées et abritées dans les cavités qu'un labour de cette sorte offre dans toute sa superficie. Je me suis bien trouvé d'en avoir agi de cette façon, et je l'ai fait assez en grand, notamment en 1811, 1812 et 1813, et avec un succès si marqué, que je puis manifester cette opinion avec confiance. Mais si le labour était soigné, que la terre fût rendue meuble, le hersage doit être nécessaire; enfin lorsque la préparation du sol a été faite à bras d'homme, et par défonçage, alors le terrain n'offrant pas de cavités à sa superficie, ou n'en offrant que bien peu, et le sol se trouvant meuble, les semis doivent être suivis d'un travail au râteau ou instrument équivalent pour recouvrir la graine; mais si la préparation à bras d'homme avait été faite par simple hoyage offrant des cavités très-multipliées, le recouvrement des graines ne pourrait pas se faire sans inconvénient. Et si cette préparation n'avait même eu lieu que par le déchirage du sol, à l'aide de la fourche à dents renversées, il m'a paru bon dans la pratique de repasser cet instrument sur l'emplacement semé, pour mélanger les graines avec la terre et les légers débris de plantes ramenés à la superficie du sol par le travail du déchirage, qui ne doit se faire qu'au moment où l'on sème.

Troisièmement. Cependant M. de Burgsdorf, qui parle d'un sol sablonneux, et exclusivement du pin sylvestre d'Allemagne, dit positivement, aux pages 257 et 238 du tome II, que les semis de pins ne doivent nullement être couverts, et qu'il faut que la semence reste à nu sur le sol.

Mais M. Hartig, qui, comme M. de Burgsdorf, habite l'Allemagne, recommande, en parlant des semis de pins, page 100 de son *Instruction sur la culture des bois*, de herser ou de râteler la superficie du terrain après le semis, de manière, ajoute-t-il, à mêler la semence avec la terre, ou à la recouvrir très-légèrement.

Dans tout ce que j'ai vu enseigné ailleurs et ce que j'ai été étudier, le recouvrement de la graine de pin est recommandé ; et il a été pratiqué toutes les fois que la terre a été labourée et défoncée.

Pour mieux m'instruire sur ce point de culture, j'ai semé durant six années mes nombreux défrichemens faits à bras d'homme par défonçage du sol, je les ai, dis-je, semés tant en pin sylvestre qu'en pin maritime, de la manière si positivement recommandée par M. de Burgsdorf; c'est-à-dire que les graines ont été laissées à nu, qu'on s'est contenté de les répandre sur le terrain défoncé sans les recouvrir en aucune manière; mais ces nombreux semis ont souvent manqué et ne m'ont jamais donné un grand nombre de sujets.

D'après une expérience aussi prolongée, j'ai, à partir du printemps 1818 inclusivement, pris le parti de faire recouvrir mes semis exécutés sur les emplacemens défoncés à bras d'homme, tantôt avec le râteau, tantôt avec un balai de houx ou d'épines. J'en ai appris que l'emploi du râteau est d'autant plus préférable au balai, qu'à l'avantage d'expédier plus de besogne et de la mieux faire, il joignait celui de pouvoir remuer, préalablement au semis, le sol qui s'est tassé depuis le travail du défonçage : mes semis ainsi faits sont très-tassés de plants et très-satisfaisans.

Quatrièmement. En résultat, il est évident pour moi, que le recouvrement des graines de pins est nécessaire toutes les fois que la terre où l'on sème est rendue meuble ou veule; mais que ce doit être à une très-légère épaisseur, et que celle-ci doit être moindre pour les pins sylvestres que pour les pins laricios et Veymouth, et sur-tout moindre que pour le pin maritime.

Il m'est également évident que si le semis s'opérait sur un seul labour rustiquement fait, soit d'une lande, soit de grandes clairières dans les bois, par conséquent sur un sol offrant par ses cavités suffisamment d'abris aux graines; il m'est, dis-je, évident qu'en ce cas il serait inutile, que même il pourrait être dangereux de recouvrir les graines (1).

____

(1) Je ne parle pas du semis par le moyen des pommes ou cônes de pins qu'on répand sur la surface du sol au lieu d'y répandre les graines. M. de Burgsdorf en décrit le procédé d'une manière très-développée, page 250 et suivantes du tome II. J'ai tenté sans succès satisfaisant l'emploi de ce moyen, en mars 1814 et en avril 1816. Au surplus, ce semis ne comporte pas d'être recouvert; d'un autre côté, je ne l'ai vu pratiquer nulle part.

Faut-il mélanger des graines étrangères à celles de Pins, pour abriter leur semis ?

Cela peut être utile aux expositions du midi et du couchant, mais ne me paraît nullement nécessaire à celles du nord et du levant.

Cette précaution n'est sur-tout pas nécessaire pour les semis faits sur un labourage rustique et à la charrue, parce que les graines sont suffisamment abritées des ardeurs du soleil par les cavités qu'offre toujours un pareil labour, et par les bruyères et autres plantes qui se trouvent en ce cas au faîte du sol.

Au surplus, je n'ai jamais usé de cette précaution, et mes semis, autres que ceux faits à nu sur un défonçage à bras d'homme, ont toujours bien résisté au soleil brûlant, qui les frappait en certains endroits avec une force qui me donnait des craintes, parce qu'en ces endroits la pente du terrain augmentait l'intensité de la chaleur solaire, et qu'ayant défriché par bandes ou par simples emplacemens à bras d'homme, mes semis avaient moins d'abris de plantes et se trouvaient privés des cavités du labourage à la charrue.

On n'a pas non plus adopté cette précaution

dans les semis de pins exécutés dans mon voisinage au bois David, chez M. de Ribard, ni à
Perrouselle chez M. de Bergon, non plus que
dans les forêts de Rouvray et de Roumare ; dans
la forêt de Fontainebleau ; à Béernem en Flandre, etc., etc. ; enfin, dans le Maine, où on a et où
l'on sème tant de milliers d'arpens en pin maritime et en pin sylvestre, on ne donne aucun
abri à ces nombreux semis, et par-tout ils bra-
vent avec succès les feux du soleil, le hâle et la
sécheresse.

D'où je conclus que le mélange des graines
étrangères pour abriter les semis de pins, peut
être un procédé utile, mais qu'il n'est pas nécessaire, et sur-tout qu'il n'est pas indispensable,
chose qui a du prix aux yeux des personnes qui,
exécutant de grands semis, savent apprécier la
simplicité des travaux, et l'épargne tant de la
dépense que de la multiplicité des soins.

*A quelle distance des semis les graines de Pins
germent-elles ?*

Il y a sur cela à considérer que plus les graines
sont fraîches, plus elles germent promptement,
en sorte que la distance du semis à la germination
est plus rapprochée, ou qu'au contraire elle est

plus longue, selon que les graines sont fraîches, ou qu'au contraire elles sont vieilles.

Il y a d'ailleurs des années où les graines sont plus fertiles, et d'autres années où elles le sont moins. Cette circonstance, qui est indépendante de la volonté de l'homme, exerce aussi une influence sur la promptitude de la germination ou de la levée des graines.

La température qui existe au moment du semis paraît exercer aussi une influence si caractérisée, que la levée des graines sera prompte, ou qu'au contraire elle sera tardive; que le semis sera très-prospère, ou qu'au contraire il le sera moins ou même peu, selon que cette température, au moment du semis, sera favorable, ou qu'elle sera désavantageuse. J'ai, sur ce point de culture, un grand nombre de remarques dont plusieurs m'ont été fournies par des laboureurs, et j'y donne d'autant plus de confiance, que M. Bosc parle dans leur sens à l'article *Semailles*, page 445 du tome XI.

Il en est constamment de même pour la température qui suit l'ensemencement : plus elle est humide et chaude, plus les semis sont prospères et se montrent promptement. Si au contraire la température est froide, sèche, desséchante, les semis seront lents à germer, et beaucoup de graines perdront leur vertu germinative.

D'un autre côté, si la graine est vieille, elle ne germera qu'un an, même deux ans et davantage après son semis.

D'après cela et d'après ce que j'ai observé dans le Maine et ailleurs, ainsi que dans ma culture personnelle, on doit tenir pour certain que la vertu germinative des graines de pins se conserve plusieurs années, à la différence d'autres graines qui, comme les glands et les faînes, ne la conservent pas au-delà d'une saison, à moins d'employer des moyens tout particuliers pour la leur conserver.

Mais une des connaissances que ma culture personnelle m'a procurées, c'est de savoir que les semis de pin sylvestre sont beaucoup plus hâtifs que ceux de pin maritime.

Cette distinction m'a été confirmée dans le Maine, où il m'a été dit que les semis de graines de pin sylvestre d'Écosse levaient après huit, dix ou douze jours, même plus tôt s'il survient une pluie légère et douce ; mais que, dans les mêmes circonstances, la graine de pin maritime ne levait qu'après vingt à trente jours.

Par là j'entends parler des semis faits en sève, c'est-à-dire à partir de la mi-avril dans le climat de Paris ; car ceux qui auraient été faits en janvier et février, par exemple, ne lèveraient pas avant la fin d'avril ou le courant du mois de mai.

Je n'ai pas fait de remarques aussi précises ni aussi répétées sur les pins laricios et sur le pin du lord ; mais en 1819, un semis de laricio, fait le 7 juin, a commencé à lever dès le treizième jour. En 1820, un pareil semis, fait le 25 avril, ne leva que vingt-cinq jours après. Le pin du lord a été plus tardif.

En résultat, et pour résoudre la question en la réduisant au cas général, on peut dire que, toutes choses égales, la graine des pins sylvestres est la plus hâtive ; que, notamment dans cette espèce et dans celle maritime, les graines lèvent dans le premier et dans le second mois de leur semis fait en sève ; qu'elles continuent à lever les mois suivans, et même l'année et les années qui suivent celles du semis.

Faut-il donner des façons, telles que binages et sarclages, aux semis de Pins ?

Non, par la raison générale que les semis n'en demandent pas ; que même ils leur seraient préjudiciables sous le double rapport de l'abri que les herbes, la bruyère et les broussailles leur procurent , notamment contre les ardeurs du soleil , tout en leur nuisant à d'autres égards , et à cause du dommage que les binages et même les sarclages causeraient inévitablement aux racines des jeunes sujets, qui d'ailleurs ne pourraient être soumis à ces soins fort inutiles dans la culture en grand, qu'autant que le semis serait fait par rayons, bandes ou rangées , avec des intervalles vides, comme cela se pratique, avec beaucoup d'avantage, dans un grand nombre de cas de la culture arable.

Aussi M. Duhamel, page 283 , avertit qu'il est dangereux de cultiver les pins dans les premières années ; il ajoute que cette observation , qui les regarde particulièrement, s'applique à tous les arbres élevés de semence.

Cette règle n'est nulle part révoquée en doute, et on s'y est conformé dans les semis fort nombreux que j'ai été visiter pour mon instruction. C'est de cette façon que de toute ancienneté on en a agi dans le Maine, où on est expérimenté sur la culture des pins par la voie des semis à demeure.

Dans les premières années de ma culture, il m'est arrivé d'être affecté de la force avec laquelle la bruyère gourmandait mes semis de pins, et j'ai quelquefois cédé à l'idée de les en débarrasser ; mais j'ai appris, à cette occasion, que l'extirpation de la bruyère avait l'inconvénient de priver les pins d'un abri qui leur était fort avantageux, tout en leur nuisant sous un autre rapport ; de les déchausser et de leur ôter un appui souvent utile dans les temps de neige. D'ailleurs, ce n'est que durant quelques années que la bruyère semble nuire aux jeunes pins ; car, à mesure qu'ils avancent en âge, ils détruisent cette bruyère comme tout ce qui les a protégés dans les premières années de leur existence.

Aussi, lorsque plus tard j'ai gratifié les habitans de ma contrée de la bruyère dans mes pinières, comme j'ai l'habitude de le faire dans mes anciens bois-taillis, parce que je cultive dans un pays à bruyère et dans un pays où on sait en tirer un bon parti pour le chauffage, j'ai eu soin d'exiger que la bruyère du pourtour de mes jeunes pins fût conservée, et je n'ai commencé à la laisser faire que lorsqu'ils avaient un ou deux pieds de hauteur, et souvent davantage.

Il n'y a donc aucune nécessité de désherber les semis de pins ; et si on le permet, ce ne doit être qu'après quelques années de semis, et avec des précautions.

Toutefois, je me suis bien trouvé, pour la prospérité d'un de mes semis du printemps 1813, infecté de genêts qui gourmandaient mes pins maritimes avec bien plus de force que la bruyère, de les faire extirper la quatrième année du semis.

Celui-ci était alors assez avancé en force pour être aisément ménagé en faisant le travail de l'extirpation.

Et ce travail n'entraînait à aucune dépense, parce qu'il m'était demandé, et que tout en le faisant, ainsi que la bruyère, avec tout le soin que j'avais le droit d'exiger, les faiseurs y trouvaient le bénéfice ou le gain d'une forte journée de travail.

En résultat, les semis de pins faits à demeure ne demandent aucune culture postérieure; il faut les abandonner à eux-mêmes, et se borner aux soins d'une bonne conservation, en les garantissant de l'incursion du bétail, de la fréquentation du gibier et des délits de main d'homme.

Mais les semis de Pins n'exigent-ils pas d'être repassés, regarnis et restaurés ?

Effectivement, comme le remarque notamment M. Duhamel, page 326 et suivantes, il y a toujours dans les semis des endroits qui sont rebelles, qui offrent des vides et qu'il faut regarnir.

J'ai éprouvé cet inconvénient, je ne dirai pas dans mes semis de chênes, hêtres, charmes, frênes, châtaigniers et autres essences feuillues, où définitivement je n'ai obtenu aucun succès, parce que, pour quelques-unes de ces essences, le sol en est usé ; que pour d'autres il est trop maigre ou ne leur est pas propre ; mais je l'ai particulièrement éprouvé dans mes semis de bouleau qui se sont étendus à quelques centaines d'arpens parisiens. Dans ces semis de bouleau, j'ai eu ce qu'on appelle des fontes, qui m'ont laissé des vides, et ceux-ci, je me suis appliqué à les regarnir en pins, lorsqu'à compter de 1811, j'ai commencé à connaître les immenses avantages de leur culture dans un terrain aride comme le mien.

Mais à l'égard des semis de pins, à en juger par tout ce que j'ai vu et par ma culture personnelle, faite assez en grand, je puis dire qu'ils sont sinon exempts, du moins qu'ils ne sont susceptibles qu'à un faible degré du besoin de regarnissement.

J'ai bien remarqué, en étudiant mes semis de pins depuis quinze ans, qu'il est rare de réussir de prime abord et du premier jet dans toutes les parties d'une création de bois même de cette espèce. Il y a toujours quelques endroits rebelles qu'il faut repasser une et même quelques fois, à plusieurs reprises, en sorte qu'on réussit d'autant mieux, qu'il y a moins de ces endroits à repasser.

Mais, en définitive, il arrive assez souvent que des semis de pins sont si généralement prospères, qu'ils n'ont aucun besoin d'être repassés ; et on peut dire que dans ceux où le besoin se fait remarquer, c'est à un si faible degré, qu'on pourrait les en réputer exempts, si on les comparait aux semis des essences feuillues, qu'il faut repasser durant plusieurs années, lorsqu'on peut parvenir, avec de la persévérance, à les faire prospérer.

Ce qu'il en coûte par hectare pour créer un bois de Pins.

Pour éclairer ce point important de culture, il faut faire plusieurs distinctions :

1°. Si le terrain à meubler en pins est plane, il en coûtera moins pour le préparer à être semé ou planté que s'il était escarpé.

2°. Si ce terrain est sablonneux comme dans la forêt de Fontainebleau, comme dans le Maine, ou simplement graveleux comme dans les forêts de Rouvray et de Roumare, il en coûtera éga-

lement moins pour le préparer à être semé ou à
être planté, que si le terrain était siliceux, caillouteux, dur et tassé, comme il se trouve être à
Perrouselle, au bois David, chez moi, et dans
toutes les landes qui abondent aux environs de
Brionne.

3°. Si le terrain est en bas-fonds, herbu et
gélif, comme les endroits appelés *combes* par
M. de Buffon, dans ses terres de Bourgogne,
comme il l'est par exception chez moi en quelques endroits, là où il gèle à-peu-près les trois
cent soixante-cinq jours de l'année; ou s'il est
crayeux, comme en Champagne, il faudra recourir à la voie de la plantation, et la dépense
sera différente selon qu'on voudra meubler la
totalité de la superficie du terrain, ou qu'on
voudra seulement le garnir de porte-graines,
pour qu'il en résulte, à l'aide du temps, qui
agit si lentement mais si sûrement, un semis
naturel qui garnisse suffisamment toutes les parties du sol.

4°. Il y a encore à distinguer le cas où la
préparation du terrain à semer ou à planter en
pins se fait à la charrue, d'avec le cas où cette
opération se fait à bras d'homme; comme il y a
à distinguer le cas où le terrain est labouré en
plein, d'avec le cas où il ne l'est que par lignes

alternées, et du cas où il ne l'est que par emplacemens.

5°. Enfin, il y a à distinguer entre les diverses
espèces de pins, parce que le prix de leurs graines
est différent.

C'est après avoir fait ces observations préliminaires que j'examine quels sont les élémens
de la dépense.

Il y en a de trois sortes,

1°. La préparation du sol, 2°. le prix de la
semence, 3°. les frais d'ensemencement (1).

---

(1) Je ne mets pas les clôtures au rang des dépenses à
faire pour créer des bois et forêts, parce que d'une part
cette clôture, utile, nécessaire même dans un petit semis,
n'est ni l'un ni l'autre dans un grand semis, et parce que.
d'autre part, elle entraînerait, dans ce second cas, trop de
temps et trop de dépense pour ne pas faire un obstacle à la
création des bois et forêts. Il suffit, pour défendre les semis, de les faire conserver avec un soin tout particulier par
ses propres gardes, et, si on n'en a pas, de les faire aussi
garder, moyennant une légère rétribution, par le garde
champêtre, pourvu cependant qu'il soit secondé par l'auto-
rité municipale des lieux. Dans la forêt de Fontainebleau,
les grands semis qu'on y a faits n'ont point été garantis par
des clôtures, parce qu'alors il n'y avait pas de bêtes fauves,
et ces semis sont devenus superbes. Il en a été de même
en 1812, et depuis sur les friches de presles ou des mares
plates appartenant à M. de Chalandray, à l'extrémité de la
forêt des Alluets, quoique les semis fussent traversés par

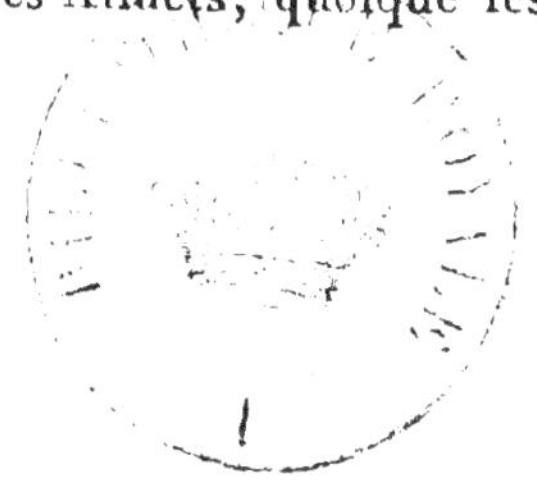

Dans un terrain en landes, mais tout-à-la-fois plane et sablonneux ou même graveleux, comme dans la forêt de Fontainebleau, le pays du Maine, et comme dans les forêts de Rouvray et de Roumare, un labourage rustique de l'étendue d'un

---

des chemins où les bestiaux passent journellement. Il en a été aussi de même dans les forêts de Rouvray et de Roumare, excepté à l'endroit bordant l'entrée, l'abreuvoir et la pâture de la ferme de Genneté. A Perrouselle, et au bois David il n'y a pas eu non plus de clôture. Dans le Maine, il y en a à des pinières modernes; mais les plus anciennes et les plus récentes n'en ont pas, et elles sont singulièrement prospères. Chez moi, où mes bois autrefois en clairières, et mes landes transformées en bois, sont traversés par de nombreux chemins où passent les bestiaux, et quelquefois bordés par des terrains où ils pâturent, je n'ai fait de clôture que par exception; je me suis généralement borné à exiger de mes deux gardes une surveillance toute particulière, et je n'ai pas éprouvé de dégâts faute de clôture. C'est la conservation des semis qui est indispensable; elle n'exige que des soins et non de la dépense si on a des gardes, ou elle en exige bien peu lorsqu'on n'en a pas, et alors on peut la confondre dans celle de moitié en sus des frais de création dont je parlerai tout-à-l'heure. Je ne veux pourtant pas dire qu'il ne soit utile en définitif de clore ses bois et forêts, si grands qu'ils soient; mais c'est une amélioration qui peut s'ajourner, et que je projette, tout le premier, de faire lorsque je serai en jouissance pécuniaire, c'est-à-dire avec les produits de mes créations et restaurations de bois; ce qui est bien différent du cas où il serait nécessaire de clore pour arriver à la création.

hectare, exigerait moins de deux journées de charrue à deux chevaux ; en fixant le prix de la journée à douze francs, ce serait une dépense de vingt-quatre francs.

Si on emploie de la graine de pin maritime, il en faudra au plus quarante livres anciennes, qui, prises au Mans, y coûteront environ quinze francs, comme je l'expliquerai au CHAPITRE XII.

Si on emploie de la graine des pins sylvestres, il en faudra six livres, qui coûteront trente francs, du moins pour les variétés dites d'Écosse, de Genève ou commun de France et d'Haguenau ; car, pour la graine de Riga, elle n'est pas encore assez commune en France pour que j'en détermine le prix.

Si on semait, dans dix ans environ d'à présent, des graines de laricio de Corse et des graines de pin du lord, dont il faudrait douze livres anciennes par hectare, il n'en devrait pas coûter quarante francs, parce qu'à cette époque ces graines, encore rares aujourd'hui, seront alors probablement assez communes pour qu'elles s'établissent au prix de six francs le kilogramme. Il faudra, je crois, attendre plus tard pour avoir aussi aisément des graines du pin laricio de Calabre, du pin laricio de Caramanie ou d'Asie, et du pin laricio d'Amérique. Quant à celui d'Autriche ou de Hongrie, je ne sache pas qu'il existe en France.

S'agissant d'un semis sur un terrain en landes, préparé par un labour en plein, fait à la charrue, il sera inutile, désavantageux, et peut-être dangereux, de le dresser avant le semis et de le herser après l'avoir ensemencé : ainsi, il n'y aura que le salaire du semeur, c'est-à-dire une demi-journée d'homme, ou moins de vingt sous.

La réunion de ces trois objets de dépense donne un total, par hectare, de quarante francs s'il s'agit de pin maritime, de cinquante - cinq francs s'il s'agit de pin sylvestre, autre que celui de Riga, et de soixante-cinq francs si on employait des graines de pin laricio de Corse, ou des graines de pin du lord.

Et si l'on ajoute à ces trois élémens de dépense moitié de leur total pour les variations de prix, les frais de transport de graines, les repassages, repeuplemens, regarnissemens et restaurations qui peuvent se trouver à faire après les semis, il faut dire que pour créer des bois et forêts de pins dans des sols semblables à ceux qui, comme dans le Maine, dans la forêt de Fontainebleau, dans celles de Rouvray, de Roumare, etc. , sont plus ou moins faciles à préparer à la charrue, il n'en doit coûter, au maximum, par hectare, que

soixante francs en pin maritime, quatre-vingt-
deux francs cinquante centimes en pin sylvestre autre que le Riga, et cent deux francs cinquante centimes en pin laricio de Corse, ainsi
qu'en pin du Nord.

Par conséquent, ce serait trente francs, quarante et un francs et cinquante et un francs par arpent d'ordonnance, comme vingt francs, vingt-
huit francs et trente-quatre francs par chaque
arpent parisien.

Mais dans un sol comme celui de Perrouselle,
du bois David, de chez moi, et de tous ceux
en landes des environs de Brionne, lorsqu'il se
trouvera suffisamment plane et que la charrue
pourra l'entamer, il en pourra coûter jusqu'à
quatre-vingts francs par hectare pour le seul labourage préparatoire au semis, par la raison que
cette charrue, qui d'ailleurs devrait être d'une
grande dimension, et destinée à défricher des
terrains difficiles, ne pourrait opérer qu'avec un
attelage de quatre chevaux et avec le concours de
deux, même de trois hommes; par la raison aussi
qu'elle ne labourerait que cinquante à soixante
perches par jour, et que cette charrue, notamment son soc, aurait besoin de fréquentes ré-
parations. Quant aux frais de semence, d'ensemencement et de regarnissement, ils ne se-

raient pas plus élevés que dans le cas dont j'ai parlé.

Si au lieu d'un labourage à la charrue, c'était par défrichement à bras d'homme qu'on préparât le terrain, soit par lignes continues, soit par simples emplacemens, à cause de l'escarpement du sol, ou par d'autres motifs, mais dans un terrain sablonneux ou graveleux comme à Fontainebleau, au pays du Maine, en Rouvray et en Roumare, en ce cas il n'y aurait qu'environ le tiers de la superficie du sol qui serait défriché. Le prix de ce travail pourrait varier selon les pays depuis vingt jusqu'à trente sous la perche, parce qu'il ne faut approfondir le remuage de terre que de trois à quatre pouces. Un hectare offre, dans ce cas, soixante-six à soixante-sept perches à défricher, ce serait, au plus haut prix (1), cent francs par hectare pour la préparation du

____

(1) J'ai toujours été frappé de la différence énorme que j'ai remarquée, en toute occasion, entre le bas prix auquel les entrepreneurs de ces sortes de travaux parviennent à les faire exécuter, et le prix élevé auquel les particuliers se trouvent les payer, différence qui, souvent, est comme de un à cinq. Je ne m'en suis expliqué la cause que par le principe de l'aptitude à cette science, le principe de la division du travail, et par l'excellente raison qu'en donne Arthur Young à la page 503 du tome Ier., à l'occasion de sa *Visite à Turbilly*.

sol. La dépense de la graine pourrait être de moitié moindre que dans le semis en plein. Mais les frais d'ensemencement pourraient être de quatre journées d'hommes, parce qu'il faudrait deux hommes et deux journées pour semer et râteler, avant et après le semis, un hectare défriché sur un tiers de sa superficie. Quant aux frais de regarnissement, ils ne devraient pas excéder le dixième des frais originaires, parce que ceux-ci consistant principalement dans la préparation du sol, ils ne se reproduiraient qu'à un très-faible degré lors du repassage, à l'occasion duquel le précédent défrichement profite assez pour qu'il doive suffire ordinairement d'un simple remuage au râteau ou à la fourche renversée, sur quelques parties des lignes ou des emplacemens précédemment défoncés.

Et si c'était un terrain comme à Perrouselle, au bois David et les autres environs de Brionne, où il faudrait défricher à bras d'homme et opérer sur un sol excessivement difficile, j'estime qu'il faudrait ajouter moitié en sus au prix des vingt à trente sous dont je viens de parler. La dépense des graines, de leur semis et de regarnissement resterait la même.

Mais si ce n'était ni par un labourage à la charrue, ni par un défonçage à bras d'homme qu'on préparât le sol à être ensemencé, que ce fût par un simple grattage ou déchirage du terrain de place à autre à l'écartement de trois, quatre, cinq ou six pieds avec la fourche à dents renversées, les frais de cette préparation seraient pour ainsi dire nuls et se confondraient presque avec ceux d'ensemencement.

Au pays du Maine il en coûte beaucoup moins, parce que d'un côté le sol y est sablonneux et plane sans escarpement ; que d'un autre côté les propriétaires qui y créent des bois et forêts de pins, en font préparer le terrain, à titre de corvées ou de faisances, par leurs fermiers et métayers, en sorte qu'ils n'ont rien ou qu'ils n'ont que bien peu de chose à débourser pour la préparation du sol. Il en est de même pour semer et pour herser. Ils n'ont guère à débourser que le prix de la graine, et pour eux elle est moins chère que pour un étranger au pays.

Pour ma propre création de bois en pins, il m'en a coûté infiniment plus, puisqu'il résulte de mes états de dépenses jusqu'au 1er. janvier 1825, que j'ai déboursé 275 francs par acre du pays, ou 365 francs par hectare, comme 182 fr. par arpent d'ordonnance, et 122 francs par arpent parisien.

Mais il y a plusieurs raisons qui expliquent

cette excessive dépense, qui ne peut pas être prise pour règle, et qui ferait obstacle à la création des bois, ainsi qu'à leur restauration, s'il fallait la faire aussi forte.

1º. Je manquais beaucoup plus qu'aujourd'hui de connaissances positives sous le double rapport de la théorie et de la pratique. Je manquais de l'expérience qu'on n'acquiert qu'à l'exécution; celle-ci est une science toute particulière, et j'avais, lors de mes principaux travaux de culture, bien plus qu'aujourd'hui, besoin de l'exercer pour m'y instruire.

2º. Je voulais faire toutes sortes d'essais, m'instruire à l'aide des nouveaux procédés que je trouvais indiqués. Je m'étais persuadé qu'on pouvait restreindre les frais de création et de restauration des bois à assez peu de chose pour, avec des connaissances en cette partie, avec ce qu'on appelle le savoir, le vouloir, le pouvoir et l'aptitude, augmenter pour ainsi dire à volonté, la quantité de bois qui existe en France, et y créer en ce genre autant de richesses que les besoins en réclament. J'étais pénétré de ce qu'avait fait et écrit sur cela M. de Buffon, art. trois, quatre et cinq de son douzième Mémoire d'expériences. Pour atteindre ce but, pour arriver à savoir qu'on pouvait peu dépenser, il était nécessaire de dépenser davantage. J'ai donc employé toutes sortes de méthodes, et il en est résulté beaucoup plus de dépense que si je me fusse fixé à une seule.

Si je n'avais employé qu'une seule méthode, et qu'elle eût été bonne, j'aurais probablement d'une part moins dépensé, et d'autre part j'aurais créé bien au-delà des six à huit millions de pieds cubes de bois d'œuvre qu'on prévoit à présent devoir résulter de mes semis et plantations de pins. Mais je n'aurais pas acquis les connaissances pratiques et expérimentales que j'ai pu obtenir même en ne réussissant pas. J'étais également pénétré de cette remarque de M. Yvart : « qu'on n'est jamais mieux instruit que par les accidens et les non succès, » et de cette autre de M. Amans de Rodat : « que rien n'instruit comme les fautes qu'on commet soi-même. »

3°. Je ne résidais pas sur les lieux, cela n'aurait convenu ni à mon goût ni à mes occupations, qui exigeaient mon séjour habituel à la ville, il a dû résulter de cette circonstance plus de dépense ou moins d'économie de temps et d'argent dans les travaux.

4°. D'ailleurs à parler rigoureusement, ma dépense ne s'élève pas à 365 francs l'hectare comme je viens de le dire, si on la circonscrit dans ce

qui s'applique uniquement à mes semis et plantations de pins; car je comprends dans cette dépense, quoique susceptible d'en être distrait, ce
que j'ai déboursé pour ouvertures d'allées et de
sentiers de plusieurs lieues de longueur dans mes
bois anciens et dans mes bois nouveaux, sans
prendre en considération la valeur des bois arrachés. De même pour des chemins que je me suis
plu, les uns à améliorer, les autres à former; de
même aussi pour des fossés de clotûre à mes anciens bois; de même encore pour les éclaircissemens et les élagages que j'ai fait exécuter dans
mes semis et plantations de pins, ainsi que pour
le façonnage en bourrées, fagots et cotterets, du
bois qui en est provenu, sans déduire leur valeur.

Si on distrayait ces divers objets de dépenses
indépendantes des semis et plantations, et qu'on
prît pour base de leur montant celui des produits, ce qui m'en a coûté pour semis et transplantation de pins ne s'élèverait plus qu'à 260 fr.
l'hectare, ou à 130 l'arpent d'ordonnance.

5°. Enfin, j'ai été dans le cas de dépenser
beaucoup plus qu'un autre n'aurait fait à ma
place, en ce que j'ai bien le talent de l'ordre
dans la dépense, tellement que je sais presque
avec une précision minutieuse ce que j'ai dépensé pour chaque objet de mes travaux fores-

tiers; mais je suis totalement dépourvu de la science, du talent et de l'aptitude à l'économie; je suis persuadé que j'ai payé, pour apprendre moi-même aux ouvriers des bois la manière de récolter de la graine de bouleau, et pour m'en livrer jusqu'à 5,671 boisseaux parisiens, le double de ce que je leur aurais payé, si je n'étais pas entièrement dépourvu du talent de marchander.

J'observerai d'ailleurs que dans une création qui par son étendue exigerait dix, quinze et vingt ans, on arriverait à épargner beaucoup sur la dépense des graines, parce qu'à huit ou dix ans des semis de pin maritime, environ quinze ans des premiers semis de pins sylvestres, et quinze à vingt ans des premiers semis de pins laricios et de pins du lord, on aurait de ses propres graines, qui reviendraient à meilleur marché que celles du commerce. On serait aussi assuré de les avoir fraîches, exemptes d'avaries ou de mauvaise manipulation. Il en faudrait même en moindre quantité que de celles du commerce, et on obtiendrait des semis ultérieurs plus assurés, plus hâtifs, et des sujets plus vigoureux.

J'ai personnellement recueilli ces avantages, notamment pour mes semis de pins maritimes. Ce que j'avais semé en 1811 et 1812 a commencé à me donner des graines fertiles en assez grande abondance au printemps 1820, et aujourd'hui j'en récolte d'autant plus au-delà de mes besoins, que ceux-ci vont en décroissant, et que j'approche du moment où je cesserai totalement d'en avoir besoin, jusqu'à l'instant d'une nouvelle culture, comme je le dirai au Chapitre X, en parlant de ce qui a rapport au meilleur mode d'aménagement et d'exploitation des bois de pins.

Examen et discussion de l'opinion de M. de Perthuis sur la création des bois et foréts de pins par la voie du semis à demeure (1).

M. Duhamel, aux pages 273 et 274, a observé que la voie des semis était la seule praticable pour la plus grande partie des propriétaires, lorsqu'il étoit question de grands objets.

M. de Perthuis, père, a dit aussi, page 301,

M. Noirot, pages 30 et 53 de ses *Considérations sur les foréts*, trouve aussi la création de bois et forêts d'arbres résineux difficile, dispendieuse, et exigeant en outre, dans l'exécution, une intelligence toute particulière. Ce que je vais dire sur l'opinion de M. de Perthuis pourra s'appliquer également à celle de M. Noirot.

qu'en général il valait mieux semer que de planter les mauvais terrains.

M. de Perthuis, fils, a exprimé la même maxime à l'article du *Nouveau Cours d'agri-culture*, où il traite de la culture des bois et forêts.

Mais en parlant plus loin spécialement des bois résineux, il dit : « Il est très-difficile, il se-
» rait même trop dispendieux de faire de grands
» semis d'arbres résineux : 1°. il ne serait pas
» toujours possible de se procurer assez de bon-
» nes graines pour en semer une grande super-
» ficie. 2°. Toutes les parties du sol à planter
» n'auraient pas généralement la qualité requise
» pour le succès du semis. 3°. Les soins qu'il
» faut prendre des jeunes plants jusqu'à ce qu'ils
» aient acquis une certaine force, pour les ga-
» rantir de la gelée, de la trop grande ardeur
» du soleil, du gaspillage des oiseaux, et de
» la fréquentation des bestiaux, exigeraient né-
» cessairement beaucoup de dépenses. 4°. Lors
» même qu'on consentirait à faire ces dépenses,
» il ne serait pas possible de trouver assez de
» bras pour faire ces différens travaux en temps
» opportun. 5°. Toutes les précautions qu'il fau-
» drait négliger, à raison de ces différentes cir-
» constances nuiraient évidemment au succès

» du semis, ou du moins en retarderaient beau-
» coup la végétation. »

Je vais examiner successivement chacune de
ces cinq objections.

1°. Les grands semis exécutés dans la forêt de
Fontainebleau, où, indépendamment de ceux
que M. de Larminat y fait faire chaque année,
il y en a en trois massifs cinq cents arpens d'ordonnance ; ceux également exécutés dans les
forêts de Rouvray et de Roumare, où j'en ai vi-
sité, comme à Fontainebleau , cinq cent cinquante cinq arpens même mesure ; ceux encore
du pays du Maine, où, depuis vingt à trente ans,
on en a semé un bon nombre de milliers d'arpens, prouvent expérimentalement qu'on peut
s'adonner à la création de quelques centaines
d'arpens de pins par la voie du semis et par
chaque année.

Il y a même à considérer sur cela qu'après
dix ans de premiers semis de pin maritime, à
quinze ans de ceux des pins sylvestres et à quinze
à vingt ans des premiers semis des pins laricios
et du pin du lord, on aura chez soi assez de
graines pour les continuer. Quant aux premiers
semis, je sais par moi-même, du moins pour le
pin maritime et pour le pin sylvestre d'Ecosse,
qu'il est facile de se procurer au Mans assez de

graines pour semer, chaque année, cent arpens d'ordonnance et davantage.

2°. Les semis de pins sont de tous les semis, et j'en ai fait beaucoup d'un grand nombre d'essences, ceux qui sont les moins rebelles, et ceux qui sont les moins sujets à fondre. On peut bien rencontrer, dans une grande étendue de terrain, des endroits rebelles au semis; j'en ai personnellement trouvé, les uns à cause de l'exposition, d'autres à cause de la trop grande vigueur des herbes, et d'autres encore parce qu'ils étaient sujets à la gelée, comme les endroits que M. de Buffon appelle combes dans ses terres de Bourgogne; mais ce n'est que par exception qu'on rencontre de ces places rebelles. Là il faut bien recourir, comme on le fait dans le sol crayeux de la Champagne, à la voie lente et peu expéditive de la plantation; mais il n'en est pas moins vrai que dans la généralité des mauvais terrains, c'est-à-dire ceux destinés par la nature des choses et par l'état actuel des sociétés humaines, à être couverts de bois, la voie du semis à demeure des pins est la plus praticable, la plus expéditive et la moins dispendieuse de toutes les voies.

3°. On peut se convaincre aussi, par l'exemple de ce qui se pratique dans le Maine, par l'exemple de ce qui s'est pratiqué dans la forêt de Fontainebleau, dans celle de Rouvray, celle de Roumare; sur les friches des prêles ou des mares plates, et ailleurs, qu'il n'y a aucun autre soin à prendre des semis, que celui d'une bonne conservation, ni aucune dépense à faire pour les garantir de la gelée, des ardeurs du soleil ainsi que des oiseaux; et qu'à l'égard des bestiaux, il suffit du seul soin résultant de la bonne conservation qu'exigeraient également des semis de glands, de faînes et d'autres bois feuillus; du soin enfin qu'exigent plus particulièrement tous les bois à la suite immédiate de leur exploitation, c'est-à-dire lorsqu'ils sont dans l'état de jeune recru.

4°. Comme il n'y a aucuns travaux à faire après les semis pour qu'ils prospèrent, il n'y a pas à s'occuper de la difficulté de trouver assez de bras pour les exécuter.

5°. Et au moyen de ce qu'il n'y a aucune autre précaution à prendre après les semis, que de les faire bien conserver, chose qui leur est commune non-seulement avec les semis des espèces dites feuillues, mais encore avec le recru des bois exploités, et même, quoiqu'à un moindre degré, avec les bois réputés à tort ou à raison défensables, il n'y a pas non plus à s'embarrasser du défaut de temps suffisant pour ces soins précautionnels.

C'est après avoir ainsi passé en revue chacune des objections de M. de Perthuis, que je crois pouvoir persister à dire, comme je l'ai annoncé au commencement de ce long chapitre, que ce n'est que par la voie du semis à demeure, qu'on peut et qu'on doit créer des bois et forêts de pins, c'est-à-dire lorsqu'on veut opérer en grand.

J'observerai à ce sujet que je suis, autant que personne, pénétré de la vérité de cette remarque faite par M. de Buffon, page 251 : « Qu'il en est » en agriculture comme dans tous les autres arts : » le modèle qui réussit le mieux en petit sou- » vent ne peut s'exécuter en grand. » C'est donc en toute connaissance de cette vérité élémen- taire, que j'émets mon opinion, parce que les grands semis exécutés avec un succès si constant dans le Maine, dans la forêt de Fontainebleau, en Rouvray, en Roumare, et j'oserai dire ce que personnellement j'ai exécuté, m'autorisent à n'avoir aucun doute sur ce point important de culture.

Il est bien vrai que dans la Champagne c'est par la voie de la plantation des porte-graines, et non par la voie des semis à demeure, qu'on est parvenu à y former des bois de pins ; mais

1°. la nécessité de procéder de cette façon ne résultait pas de la nature des choses; elle résultait
uniquement de l'espèce ou de la qualité du sol,
c'est-à-dire d'une circonstance locale, d'une circonstance particulière, ou d'un cas qui fait exception. 2°. Il en est résulté une grande lenteur
dans la création des bois de pins de cette contrée, et sur-tout il en est résulté qu'on n'y en
trouve pas encore de grandes masses, comme
dans le Maine, où on a pu en créer et en multiplier par la voie économique et expéditive du
semis à demeure. Aussi feu M. l'administrateur
Allaire, un des propriétaires en même temps
qu'un des créateurs de bois de pins dans ce pays
de Champagne; me marquait-il dans l'instruction qu'il a eu la bonté de me donner, au mois de
février 1815, sur les pinières de cette province,
qu'il n'y a point encore de grandes masses de
pins en Champagne, mais seulement un grand
nombre de pièces isolées, plantées pour la plupart depuis alors vingt ans que les anciennes
plantations ont pu fournir du plant.

CHAPITRE VI,

OU JE TRAITE DE LA TRANSPLANTATION DES PINS ET DE LEUR GREFFE.

Transplantation.

Je le répète, le procédé de la transplantation ne doit être qu'une voie d'exception applicable aux petits objets, ainsi qu'aux endroits rebelles aux semis, soit à cause de l'exposition du terrain, soit à raison de son site, ou pour d'autres causes ; mais lorsqu'on n'est pas gêné par les obstacles particuliers, et qu'on veut opérer en grand, il faut employer le moyen tout-à-la-fois expéditif et économique du semis à demeure.

Lorsqu'on veut ou lorsqu'on est contraint de recourir à la voie de la transplantation, il y a à prendre en considération l'espèce sur laquelle on opère ; car celle maritime, par exemple, est beaucoup plus chanceuse et plus difficile à transplanter avec succès, que ne l'est l'espèce sylvestre.

L'époque de la transplantation est bien la même pour toutes les espèces dont je propose la culture ; mais elle est bien différente de l'époque où l'on transplante les bois feuillus, en ce que pour ceux-ci, c'est durant toute la morte-sève, qui pour eux s'étend du courant de l'automne aux premiers jours du printemps, par conséquent durant plus ou moins de mois selon les terrains et selon les circonstances atmosphériques. Mais pour les espèces résineuses, c'est au printemps, lors de leur entrée en sève ; c'est aussi vers la fin d'août ou le commencement de septembre, et même c'est encore à l'automne, d'après l'opinion de M. Bosc, avec cette observation importante que la durée du temps propre à la transplantation n'est souvent que de quelques jours à chacune de ces trois époques.

A mon égard, je n'ai eu aucun succès dans les transplantations que j'ai essayées en petit à l'automne. A la vérité, j'opérais sur l'espèce maritime, qui est assez rebelle, et sur-tout j'opérais en terrain si caillouteux, que je ne pouvais ni déplanter en mottes, ni transplanter sans ébouter le pivot de mes jeunes pins, et sans habiller le peu de racines accessoires qu'ils avaient, pour les placer plutôt dans des cailloux que dans la terre.

Mais j'ai eu un succès satisfaisant dans des transplantations assez étendues que j'ai fait exécuter en pareil pin, souvent avec toutes ces circonstances défavorables, aux printemps 1814 et 1816.

J'en ai toujours eu, dans les transplantations que j'ai fait faire en pin sylvestre d'Écosse presqu'à chaque printemps, depuis l'année 1818.

Et j'en ai eu un total pour la transplantation faite les 13 et 14 septembre de l'année si pluvieuse 1816, mais seulement de cent six sujets maritimes, arrachés plutôt que déplantés, éboutés de leur pivot, habillés de leurs racines accessoires, et replacés dans des cailloux.

La transplantation des pins a un désavantage qui lui est particulier, en ce qu'on ne peut pas les ébouter de la tige ; il faut les transplanter en tige, et celle-ci, qui souvent est chargée de branches latérales faisant poids, donne beaucoup de prise au vent, qui ébranle les sujets transplantés, et nuit par conséquent à leur reprise. On a imaginé chez M. Allaire, où on ne transplantait que des pins sylvestres, qui, à leur base, sont bien plus garnis de branches que l'espèce maritime, un moyen dont on a été satisfait : ça été d'abaisser le premier rang des branches et de les assujettir contre terre, en les chargeant de gazon : cela, comme on le conçoit, prévenait l'ébranlement que le grand vent pouvait causer. M. Delavergne, qui opère en Bretagne, indique à-peu-près le même procédé.

Je n'ai pas employé ce moyen, qui ne serait guère applicable au pin maritime, parce que ses branches latérales ne sont pas placées aussi bas que dans les pins sylvestres. Il ne serait pas non plus souvent applicable au pin laricio de Corse ni au pin du lord par la même raison ; mais d'une part j'ai employé le moyen peu satisfaisant d'entourer à la base mes pins maritimes transplantés, avec des cailloux - silex dont mon sol abonde, au risque de contusionner leurs tiges, et avec l'obligation de faire ôter ces cailloux à quelques années delà, pour ne pas gêner l'accroissement de mes sujets, et leur rendre au pied, l'air, la chaleur et la lumière dont ils ont besoin. D'autre part, j'ai essayé avec succès, dans quelques-unes de mes transplantations de pins sylvestres, d'ébouter leurs plus basses branches. A l'avantage de diminuer la prise du vent se joignent, ce me semble, les mêmes motifs qui en font agir ainsi pour les bois feuillus ; je veux dire que la transplantation étant un moment de crise pour les arbres, et les sujets transplantés ne conservant pas assez de forces pour nourrir toutes les branches dont ils sont pourvus, il doit être avantageux de les en débarrasser. Il est bien vrai que l'élagage des arbres résineux est blâmé par quelques opinions; mais j'aurai occasion d'expliquer au CHAPITRE VIII, que c'est bien certainement une erreur. Il est également vrai que M. Delavergne, que je citais il y a un moment, recommande tout particulièrement de ne point élaguer les pins lorsqu'on les transplante; et cependant j'ai eu sujet de m'applaudir de l'avoir fait.

Au bois David, chez M. de Ribard, on se trouve bien d'ébouter l'extrémité des branches des sujets que les grands vents font pencher; il résulte de cet éboutement, exécuté du côté où le sujet penche, qu'il se redresse naturellement et de lui-même.

De toutes ces précautions, qui sont d'autant plus difficiles à prendre qu'on opère plus en grand, les unes ne sont point nécessaires, et les autres ne le sont qu'à un moindre degré pour les essences feuillues, qui n'ont pas besoin d'être levées en mottes, qui ne conservent pas, comme les arbres résineux, des feuilles qui leur donnent un poids que les vents rendent si désavantageux pour la reprise, et qui, pour la plupart, peuvent être éboutés de leur tige. Il en résulte bien évidemment que la transplantation est beaucoup plus difficile à employer pour les pins, qu'elle ne l'est pour les bois feuillus.

Je ne parlerai de l'âge que doivent avoir les sujets qu'on transplante, que pour observer que cet âge doit varier selon les espèces, parce que le pin maritime croît plus vite que le pin sylvestre dans les premières années de leur semis; qu'à son tour, le pin sylvestre est plus hâtif, sur-tout celui de Riga, que les pins laricios et que le pin du lord. Cet âge, au surplus, ne doit pas être moindre de trois ans pour le maritime, ni excéder quatre, cinq ou six ans dans les autres espèces. La force des sujets et leur hauteur doivent guider. M. Allaire, en parlant du pin sylvestre, m'a cité la hauteur de trois pieds comme la plus avantageuse, et il m'a fait remarquer une chose dont j'ai souvent reconnu la justesse dans les jeunes pinières du Maine et ailleurs, c'est que, sous le rapport de la transplantation des pins, plus la tige est basse, plus elle est nourrie, plus elle forme le clocher ou le pain de sucre; en un mot, plus la forme conique est prononcée, plus les pins ont de vigueur et d'avantages pour la transplantation.

Celle-ci a un effet qu'il importe, ce me semble,

qu'on sache : c'est l'influence qu'elle exerce sur les dimensions des pins. Ceux transplantés sont plus gros et plus rameux, au lieu que ceux des semis faits à demeure sont plus élancés et prennent plus de hauteur.

Greffe des Pins.

Cette greffe est très-moderne ; je ne la propose pas plus que la transplantation comme moyen de culture en grand, mais je l'indique comme moyen de transformer en sujets d'espèces précieuses des sujets d'espèces inférieures, avec l'avantage remarquable d'une végétation beaucoup plus vigoureuse que dans les sujets non greffés.

Le grand nombre de sujets que M. de Larminat a fait greffer par milliers dans la forêt de Fontainebleau, dont il est le conservateur, principalement en laricios de Corse sur des pins sylvestres d'Écosse, fournit la preuve qu'on peut greffer, chaque année, un et même plusieurs milliers de sujets, quoiqu'on ait à peine quinze jours pour le faire avec succès.

Le procédé de la greffe ne consiste pas à créer des sujets comme il arrive par l'effet des semis à demeure, ni à en établir comme dans la transplantation des sujets d'un semis ; mais ce procédé consiste à substituer, comme je viens de le dire, des sujets plus précieux à ceux qui le sont moins, et à procurer une végétation plus avantageuse.

Ainsi quand on veut employer cette voie de la greffe, il faut préalablement avoir des sujets en place, et les avoir plutôt de semis à demeure, que de transplantation.

Cette greffe est due à feu M. le baron de Tschudy, que la science a perdu à la fin de l'année 1823 ; il lui a donné la dénomination de greffe par immersion, et aussi celle de greffe en herbe. Il l'a beaucoup pratiquée dans son domaine de Colombey, près Metz.

C'est en allant dans sa famille au commencement de 1822, que M. de Larminat a fait connaissance avec cet ingénieux procédé, qu'il s'est empressé de mettre en pratique dès le printemps de la même année.

Voici ce que M. de Larminat m'en a appris ; ce que j'ai vu en sa compagnie à Fontainebleau, ce que j'ai vu pratiquer au mois de mai 1823, par les ordres de feu M. d'André, intendant des domaines et bois du Roi, au bois de Boulogne, et à la même époque, chez M. de Chalandray, à Bazemont.

1°. Cette greffe se fait sur tous arbres résineux d'espèces analogues entre eux : ainsi tous
les pins à deux feuilles se greffent les uns sur les
autres ; mais le laricio de Corse boude sur le pin
maritime, tandis qu'il est tout particulièrement
vigoureux sur le pin sylvestre d'Écosse.

Le pin-pignon se greffe avec un succès parfait
sur le pin maritime.

Les pins à trois feuilles se greffent les uns sur
les autres.

De même, les pins à cinq feuilles. M. de Larminat a remarqué que le pin cembro faisait mer-
veille sur le pin du lord.

Les sapinettes se greffent sur les épicéas ; les
géléads sur le sapin argenté.

Tous les crucifères, toutes les fleurs, la vigne,
tous les arbres et arbustes, se greffaient de cette
manière à Colombey avec une facilité étonnante.

2°. La greffe se fait en fente, et celle-ci doit
être plus approfondie d'environ deux lignes,
que la greffe à y insérer.

3°. Elle s'opère en sève sur la flèche pous-
sante des pins et autres arbres résineux, lorsque cette pousse a atteint une longueur de huit à
douze pouces.

On n'a guère que quinze jours pour l'effec-
tuer. Souvent c'est moins, et cela arrive lorsque

la végétation a une grande activité, parce que la pousse cesse plus tôt d'être herbacée. C'est donc toujours en mai qu'on peut greffer dans le climat de Paris, tantôt au commencement, tantôt au milieu, et d'autres fois à la fin de ce mois, selon la hâtivité ou le retard de la végétation.

4°. Greffant toujours sur la flèche des arbres résineux, on supprime presqu'à ras le vieux bois latéral à cette flèche lorsqu'il s'en trouve, comme cela arrive quelquefois, parce qu'il absorberait la sève, qu'il faut s'attacher à diriger exclusivement sur la flèche. C'est dans le même objet qu'il faut casser à la main, et à environ moitié de leur longueur, les jeunes pousses latérales à la flèche.

5°. Pour opérer la greffe, on casse à la main la flèche à greffer, pour la réduire à une longueur de quatre, cinq ou six pouces, et elle doit casser net comme du verre. On a soin d'enlever les écailles ou jeunes aiguilles qui entourent cette portion de la flèche cassée, moins environ un pouce du faîte, parce qu'il faut conserver le sommet pour aspirer la sève.

6°. On se procure des greffes de laricios ou des autres espèces qu'on veut greffer, en prenant l'extrémité des rameaux latéraux des sujets qu'on veut employer. On se les procure le jour ou la veille du jour où on opère, et on a soin de les tenir soit à l'ombre, soit dans l'eau, garnie d'herbes. Cette précaution d'eau garnie d'herbes est nécessaire pour la conservation des greffes du jour au lendemain.

On réduit les greffes à deux pouces au plus de longueur.

Pour les mieux amincir, afin de les introduire plus parfaitement dans la fente, on les dépouille de leurs écailles ou jeunes aiguilles, moins le sommet, qui doit dépasser la fente, parce que ce sommet doit en rester garni. L'amincissement du bout inférieur ne doit pas être absolu, mais légèrement obtus.

7°. On a soin que la greffe soit un peu moins large que la fente, pour que celle-ci recouvre et enveloppe la greffe sur les côtés par l'effet de la ligature dont je vais parler, afin qu'il n'y reste pas de vide.

8°. On fait donc ensuite une ligature avec du cordonnet en laine dans toute la longueur de la greffe, moins le faîte de celle-ci et de la fente.

Puis on l'entoure d'un cornet de papier, qu'on assujettit avec un peu du même cordonnet.

9°. Dix à quinze jours après la greffe, on ôte le cornet; environ quinze jours plus tard, on ôte la ligature qui assujettissait la greffe; et six semaines ou deux mois après, on pare cette greffe en supprimant proprement l'extrémité de l'entaille conservée pour tire-sève, ainsi que les bourgeons qui surviendraient en dessous ou autour, afin de conserver à la greffe toute la sève de la flèche des sujets greffés.

10°. Un bon ouvrier peut greffer deux cents à deux cent cinquante sujets par jour; mais pour cela, il faut qu'il soit aidé par un homme en état de préparer les greffes, de manière qu'il n'ait qu'à casser la flèche, faire la fente, l'insertion, la ligature, et placer l'enveloppe de papier.

11°. La pousse de la greffe est pour ainsi dire nulle la première année; elle se borne presqu'à sa reprise; mais à la seconde année, elle est considérable, c'est-à-dire d'un pied au moins, et le plus souvent de deux à trois pieds. Les pousses ultérieures sont véritablement admirables par leur longueur, leur grosseur et leur grande force.

12°. Enfin, c'est sur des sujets de quatre, cinq ou six ans de semis, qu'il m'a paru convenable de faire la greffe, selon leur force et leur hauteur. Celle-ci doit être d'environ quatre pieds pour la facilité et la commodité du travail.

CHAPITRE VII,

QUI A POUR OBJET LES ÉCLAIRCISSEMENS GRADUELS
ET SUCCESSIFS A FAIRE DANS LES BOIS ET FORÊTS
DE PINS, ET OU J'EXAMINE L'ESPACEMENT DÉFI-
NITIF DES ARBRES ENTRE EUX (1).

LE procédé de l'éclaircissement graduel et suc-
cessif des jeunes bois de pins est mis en pratique
dans le Maine, où, depuis des siècles, on les cultive, du moins dans les espèces maritime et
sylvestre d'Ecosse.

Il est d'ailleurs si uniformément recommandé
par tous les auteurs non - seulement à l'égard
des pins, mais aussi pour tous les autres arbres
résineux, ainsi que pour les essences feuillues,
qu'il n'y a qu'une opinion sur ce point de
culture.

(1) Voir, au CHAPITRE VIII, ce que je rapporterai des
désavantages énormes qu'éprouve le propriétaire qui s'abs-
tient d'éclaircir et de faire élaguer ses bois de pins.

Toutefois, M. Dralet, qui, notamment page 107 de son *Traité de l'aménagement des bois et forêts*, conseille l'éclaircissement des bois en général, met pour condition à son opinion que le travail sera fait avec une surveillance toute particulière, et rappelle, à cette occasion, ces expressions des *OEuvres expérimentales* de M. de Buffon : « Ce qui peut dégoûter de cette prati-
» que utile, c'est qu'il faudrait, pour ainsi dire,
» le faire par ses mains. »

De son côté, M. de Perthuis fils, qui, aux articles *Aménagement* et *Bois*, a si savamment traité la matière de l'aménagement, de l'exploitation et de l'administration des bois, observe qu'il faut bien faire attention, et distinguer entre la meilleure chose théorique et la meilleure chose pratique ; que, suivant cette distinction, on ne peut pas, dans la pratique, admettre le procédé de l'éclaircissement dans les bois de l'État ni dans ceux des grands propriétaires, si utile et si nécessaire qu'il soit, sans s'exposer à la ruine de ces bois, à cause du discernement, des soins et de la surveillance qu'exigent les éclaircies.

Mais j'ose révoquer en doute cette conclusion ; j'ose moins craindre que M. de Perthuis les abus des travaux laissés aux soins des administrateurs.

9

J'ose également donner plus d'essor à cette vieille maxime : « Que tant vaut l'homme, tant vaut la » terre. » Je m'autorise pour cela de ce qu'il rapporte lui-même en l'ouvrage de M. son père, page 106, en parlant des chablis de la forêt de Villers-Cotterets, et citant un exemple frappant des avantages qu'on retire à employer des hommes qui joignent la probité aux connaissances, au goût, à l'instruction et à l'aptitude pour leurs occupations.

Je m'autorise encore de ce que rapporte dans le même sens M. Bosc, à la page 297 du tome Ier. de la seconde édition du *Nouveau Cours d'agriculture*, en parlant des procédés employés dans la même forêt de Villers - Cotterets par M. de Violaine, dont le mérite a été assez apprécié pour avoir été appelé aux fonctions de conservateur de tous les bois et forêts de S. A. R. le duc d'Orléans.

Enfin, j'emprunterai les expressions de M. Bonard, en son savant Mémoire contenant la proposition de doter la marine et l'artillerie des bois qui leur sont nécessaires ; je dirai donc avec M. Bonard, qui discutait les modes d'aménagement et d'exploitation, et qui, au sujet de la supériorité qu'il reconnaissait à la méthode allemande, observait « Qu'il n'y a rien

» dans les travaux qu'elle exige, qui excède les
» forces journalières d'une administration intel-
» ligente ; rien qui doive abaisser le Gouverne-
» ment à cette pénible extrémité de connaître
» le mieux, de le voir chez ses voisins, et de se
» déclarer, au milieu de ces lumières, impuissant
» pour l'adopter. »

Aussi je ne suis partisan de l'éclaircissement des jeunes bois de pins, qu'autant qu'on apporte dans son travail du discernement, des soins, de l'attention et de la surveillance. Leur nécessité prouverait, au besoin, que, dans cette branche de travaux, l'application du principe de leur division serait, comme dans un si grand nombre d'autres cas, une source d'avantages.

Dans mes premiers semis de pins maritimes du printemps 1811, que je destine plus parti-culièrement à être le pivot de mes remarques et de mes expériences, j'ai déjà fait quatre éclair-cissemens pour espacer graduellement les sujets à un pied les uns des autres, puis de deux à trois pieds, ensuite à quatre pieds ; et lors du qua-trième éclaircissement, ça été à environ cinq pieds d'écartement entre eux.

Le premier de ces éclaircissemens m'a rendu sensible et frappante l'assertion de M. Varennes de Fenille, de M. Lintz, etc., sur l'effet pour ainsi dire magique que ce travail produit sur le grossissement des brins conservés; car ils paraissaient à l'œil, et ils avaient effectivement, dès l'année suivante, prodigieusement gagné en force et en grosseur.

J'examine maintenant et successivement,

1°. *A quel âge convient-il de commencer à éclaircir les semis de Pins ?*

Cette époque est nécessairement différente selon les espèces. Le pin maritime, par exemple, croissant plus vite dans les premières années, et ayant une durée de vie végétative moins prolongée que les autres, il doit être, plus tôt que ceux-ci, susceptible de l'utilité du travail de l'éclaircissement.

On sent bien que pour l'une ni pour l'autre des espèces de pins, il n'y a pas d'âge absolu, parce que la force de la végétation ou au contraire sa foiblesse, l'état serré du semis ou au contraire son état écarté, influent nécessairement sur l'époque où il convient d'éclaircir pour la première fois, de manière qu'il doit y avoir sur cela une variation de quelques années.

Mais pour donner une idée de ce qu'on peut faire à cet égard, j'observerai que, dans le Maine et quant à l'espèce maritime, on fait le premier éclaircissement au plus tôt à cinq ans , et le plus souvent à six , sept ou huit ans de semis.

Dans les landes de Bordeaux , on commence à éclaircir les semis de pins à cinq, six ou huit ans, au témoignage de M. Bosc, articles *Bruyère* et *Pin.*

A mon égard, c'est dans la septième année de mon premier semis de pin maritime, que j'ai fait exécuter un premier éclaircissement pour espacer les sujets à environ un pied les uns des autres ; mais ils ont tellement profité à la suite de ce premier travail, qu'il m'a fallu le répéter dès l'année suivante , pour espacer les sujets de deux à trois pieds entre eux.

2°. *A quelle époque de l'année doit-on faire le travail de l'éclaircissement ?*

Ainsi que j'aurai occasion de le remarquer au CHAPITRE X, et de le dire d'une manière circonstanciée en parlant de l'époque de l'exploitation des bois de pins, on pense bien que c'est dans la saison de la morte-sève que doit se faire le travail de l'éclaircissement des semis.

Mais pour les pins, la durée de la morte-sève est bien moindre que pour les espèces feuillues.

Pour celles-ci, cette durée est de plusieurs mois; mais pour les pins qui végètent presque toute l'année, la durée de la morte-sève n'est que des deux à trois mois d'hiver caractérisés; et si cette saison n'est pas rigoureuse, il n'y a pour ainsi dire pas de suspension des effets de la sève dans les pins.

Au surplus, il convient de distinguer entre les deux à trois premiers éclaircissemens et ceux qui suivent.

Pour ceux-là on peut y procéder toute l'année, sauf cependant que, dans les fortes gelées, on ne pourrait pas le faire par le moyen de l'arrachis des sujets à supprimer, et qu'on s'exposerait à endommager ceux à conserver, sur-tout lors du premier et du second éclaircissement, qu'on ne peut exécuter sans heurter tous les sujets qui sont sur pied. Par la même raison, on doit s'abstenir de travailler dans les pinières lorsque les arbres sont couverts de neige, de givre ou de frimas. Effectivement, dans le Maine on procède aux premiers éclaircissemens plutôt dans l'été que dans toute autre saison, et en agissant ainsi moi-même à l'exemple de mes maîtres de ce pays, je me suis convaincu qu'il n'y avait aucun inconvénient pour la qualité de la marchandise, et qu'il y avait une grande facilité dans l'exécution de ce travail, qui est pénible au point de devenir inexécutable pour les ouvriers dans la saison humide, et sur-tout des pluies.

Mais pour le quatrième et autres éclaircissemens, il convient de n'y procéder que durant la morte-sève, en croissant de lune, et, s'il est possible, par un vent d'amont, parce qu'alors les brins sur lesquels porte l'éclaircissement ont assez de force et de grosseur pour faire du cotteret, du rondin, des échalas, du chevron, et pour avoir d'autres emplois qui exigent qu'on s'attache à conserver au bois toutes les qualités nécessaires à l'utilité de ces emplois. J'ai expérimenté qu'alors les sujets sont assez espacés et assez élevés pour que les ouvriers puissent travailler dans les pinières sans plus de difficultés que dans les futaies de bois feuillus et que dans les bois-taillis qu'on coupe à blanc-étoc, à la différence des premiers éclaircissemens, où les pins présentent un fourré impénétrable ou par trop pénible dans les temps humides et pluvieux.

3°. Comment procède-t-on à l'éclaircissement ? je veux dire : Arrache-t-on ou bien coupe-t-on les sujets qu'on supprime ?

Il faut distinguer le premier éclaircissement

d'avec les subséquens. Dans le premier, les sujets n'ayant guère que la grosseur du doigt, il
est aussi, et même il est peut-être plus expéditif
de les arracher à bras d'homme, plutôt que de
les couper au pied avec un instrument tranchant.
Et d'ailleurs, en les arrachant on obtient deux
avantages : 1°. celui d'une plus grande et d'une
meilleure qualité de matière résultante des racines ; 2°. l'avantage d'opérer un remuage de
terre très-favorable à l'accroissement des sujets
restans. Peut-être en résulte-t-il un troisième
avantage, en ce que, suivant M. Yvart, M. Féburier, et autres auteurs sur la science agricole ,
les racines d'arbres de même espèce qui meurent
en terre sont nuisibles aux arbres conservés.
Aussi M. Bosc conseille-t-il le travail de l'éclaircie
par le moyen de l'arrachis.

Mais lors du second et du troisième éclaircissement, les sujets sont devenus trop forts
pour être arrachés à bras d'homme, même par
deux et trois ouvriers ; du moins le travail en
serait trop long et trop pénible, et d'un autre
côté les sujets sont encore trop rapprochés les
uns des autres pour qu'on puisse faire l'arrachis
avec la pioche. D'ailleurs, l'exiguité des sujets
qu'on supprime rendrait le travail plus dispendieux que fructueux ; il faut donc alors couper

les sujets au pied avec un instrument tranchant. J'ajoute qu'il faut exiger des ouvriers de faire cette coupe exactement rez terre, moins encore pour éviter la perte de la matière, que pour ne pas laisser en terre des étocs nuisibles et même dangereux pour circuler dans les pinières.

J'ai trouvé, dans ma culture, que lors des quatrième et cinquième éclaircissemens, il convenait d'adopter préférablement le moyen de la coupe entre deux terres. J'ai été étonné agréablement que, dans mon terrain, excessivement caillouteux, mes ouvriers aient pu, avec mes houes à taillant d'un côté et à deux ou trois dents de l'autre, même quelquefois avec un simple hoyau, dégager promptement le pied des sujets de douze et quinze ans d'âge, et les couper souvent du premier coup de tranchant, à environ six pouces au-dessous du sol, ce qu'ils n'ont jamais pu faire à l'égard des ormes, érables, peupliers et autres espèces feuillues qu'il m'est arrivé de leur faire arracher de la même façon, sous mes yeux.

Aussi, dans le Maine, le travail d'éclaircissement change-t-il lorsque le semis prend l'âge de douze ou quinze ans et davantage, dans l'espèce maritime. Alors on arrache les sujets assez profondément en terre pour n'y laisser aucune de leurs racines, en s'attachant toutefois à ne pas endommager celles des sujets conservés ; et outre l'avantage d'avoir en matière une valeur qui surpasse la dépense, on y trouve celui d'un remuage de terre reconnu être particulièrement favorable à l'activité de la végétation des sujets conservés, parce que leurs racines s'étendent rapidement dans la terre remuée.

Cette partie des nombreuses remarques que j'ai pu faire sur place dans les pinières du Maine, me porte à croire que je ferai bien d'employer le même procédé d'extraction entière de mes pins à supprimer lors des sixième, septième et autres éclaircissemens que j'aurai à faire exécuter dans mes semis.

4°. *A quel intervalle du premier éclaircissement le répète-t-on, et combien de fois ?*

En principe, les éclaircissemens ne doivent pas être trop subits : il importe de les graduer avec discernement.

D'un autre côté, il faut observer avec M. Bosc, M. Hartig et M. de Burgsdorf, que les semis de pins épais filent droits et vite ; qu'il faut que leurs jeunes plants soient serrés pour qu'ils croissent en hauteur ; que s'ils sont trop espacés , ils ne forment pas une tige droite , comme ils s'affament s'ils sont trop rapprochés : d'où l'on doit conclure que , dans leur début à la vie , on doit s'attacher à tenir les bois des pins très-rapprochés les uns des autres , sans pourtant donner dans l'excès.

Dans ma culture, j'ai observé qu'il fallait souvent répéter l'éclaircissement dès l'année d'après le premier , ou , tout au plus tard , la seconde année , tant l'accroissement des sujets conservés est considérable à la suite du premier éclaircissement. Il m'a paru qu'ensuite il fallait mettre un intervalle de deux , de trois , et même quelquefois de quatre ans , selon que l'utilité de l'éclaircissement se manifeste ; ce qui résulte de ce que les sujets deviennent grêles pour être trop pressés , ou que , sans avoir ce désavantage, leurs branches basses se dessèchent et nuisent à l'aèrement, qui leur est utile, en même temps qu'elles communiquent dans cet état un malaise aux arbres, comme les chairs mortes en donnent aux corps animaux.

5°. *Quels sont les degrés d'espacement à observer dans les divers éclaircissemens de Pins ?*

Ainsi que je l'ai dit au numéro précédent, les éclaircissemens doivent être faits avec discrétion et discernement. Il faut les faire graduellement, les répéter plus souvent, et s'abstenir d'en faire de subits, qui feraient passer les pins d'un état serré immédiatement à un état d'isolement les uns des autres.

Mais il ne faut pas, dans les éclaircissemens, s'attacher uniquement et exclusivement à espacer les sujets conservés d'une manière approximativement uniforme de trois, quatre, cinq pieds et davantage ; il faut aussi et en même temps s'attacher à supprimer les sujets faibles, ceux difformes et défectueux ; s'attacher à conserver ceux qui se montrent vigoureux, et savoir, au besoin, s'éloigner de la règle de l'écartement de quatre pieds plus ou moins qu'on aurait adoptée, pour l'avoir moindre lorsque les sujets vigoureux, bons à conserver, exigent un moindre espacement. Enfin il vaut mieux moins éclaircir que trop ; il vaut mieux s'écarter en moins que de s'écarter en plus de la règle de l'écartement qu'on doit adopter pour l'éclaircissement auquel on procède.

Du reste, on doit, lors du premier éclaircissement, que je suppose fait en temps opportun, s'attacher à espacer les sujets conservés à un pied les uns des autres.

Dans le second éclaircissement, qui se fait dès l'année suivante, et probablement au plus tard deux ans après le premier, on doit tendre à écarter les sujets de deux à trois pieds les uns des autres.

Lors du troisième éclaircissement, on doit s'attacher à espacer les sujets à environ quatre pieds.

Dans mon quatrième éclaircissement, je l'ai fait exécuter de manière à ce que les sujets conservés se trouvassent écartés les uns des autres d'environ cinq pieds, et à ce qu'ils fussent au nombre de quinze à vingt par chaque perche locale, qui contient quatre cent quarante et un pieds superficiels.

Je me propose de porter l'espacement à environ six pieds lors du cinquième éclaircissement; de le porter à sept pieds lors du sixième, et de m'arrêter à l'écartement de huit pieds environ lors de mon septième et dernier éclaircissement, parce qu'à compter de cette époque, je conjecture devoir laisser mes pins ainsi espacés jusqu'à leur âge de maturité, du moins dans l'espèce maritime.

6°. *De quels emplois le bois des éclaircissemens de Pins est-il susceptible ?*

Les premiers éclaircissemens ne donnent que de la bourrée ; mais les autres donnent en outre du rondin, dont on fait du cotteret, du bois de chauffage ordinaire, des échalas, des perches, du chevron pour les bâtimens de campagne, etc.

Les bourrées sont très-recherchées par les boulangers et par les chaufourniers. Ceux-ci trouvent un avantage tout particulier à leur emploi, en ce que la combustion étant plus prompte et la cuisson s'opérant plus vite, ils gagnent quatre à cinq heures sur ce qu'ils appellent une cuite. Les plâtriers font d'ailleurs de plus belle marchandise avec les bourrées de pins qu'avec celles des bois feuillus.

Les rondins dont on fait du cotteret, ou qui sont encordés, soit à la longueur de l'ordonnance, soit à toute autre, sont particulièrement propres et particulièrement employés aux feux clos des manufactures et des usines, ainsi que des bateaux à vapeur. Ils produisent une très-forte chaleur en fort peu de temps.

La promptitude de leur combustibilité les prive de l'avantage d'être employés au feu des cheminées, du moins avec autant d'économie que les bois feuillus. D'ailleurs, à l'égard du pin maritime, pour employer son bois au feu dit ouvert, ou feu de cheminée, il faudrait le dépouiller de son écorce, parce qu'elle pétille excessivement, ce qui n'est sans inconvénient que dans les fourneaux, où cette écorce a toute la qualité combustible du bois proprement dit.

J'observerai ici, et j'aurai occasion de répéter au chapitre suivant, en parlant de l'émondage des pins, qu'il est nécessaire d'enlever le bois provenant des éclaircissemens qu'on exécute dans les semis de pins, et qu'il y aurait des inconvéniens assez graves à le laisser sur place, sous prétexte qu'il ferait engrais et qu'il bonifierait le sol. C'est M. Hartig qui en fait la remarque, pages 37 et 38 de son *Instruction*, et M. Lintz l'a dit également page 49 à 54, parce que le bois mort dans les pinières donne naissance aux escargots et insectes destructeurs des pins. Aussi recommandent-ils de tenir les pinières dans une sorte d'état de propreté, qui a, d'ailleurs, deux autres avantages, ceux de donner des produits pour la consommation et de donner des moyens de travail.

7°. *Intervalle à mettre entre l'arrachis des bois de Pins, et leur façonnage en bourrées, cotterets, etc.*

C'est ordinairement en morte-sève qu'on exploite les bois feuillus. En raison de cela, il n'y a aucune précaution à prendre pour le fagotage de leurs branches, parce qu'elles sont à-peu-près dépourvues de toute sève lorsqu'on les sépare soit des souches des cepées, soit des tiges des arbres.

Mais lorsqu'on procède à l'éclaircissement des semis de pins, il est rare que ce soit positivement en morte-sève, du moins pour eux, parce qu'à l'exception d'un hiver bien rigoureux, ils sont en sève toute l'année, sauf que c'est à un moindre degré de décembre à avril, c'est-à-dire durant deux, trois ou quatre mois. Cette circonstance exige quelques précautions pour confectionner en bourrées les rameaux résultant des éclaircissemens. Si on ne les laissait pas ressuer et se faner, ils fermenteraient, pourriraient, et ils perdraient de leur qualité, de leurs propriétés et de leur valeur.

D'un autre côté, il ne faut pas mettre non plus trop d'intervalle entre l'arrachis ou la coupe dés brins qu'on supprime et la formation des bourrées, parce qu'en mettant un trop long intervalle, les aiguilles, qui, en raison de leur nombre, de leur longueur et de leur dureté, sont importantes dans la masse du bois, se détacheraient des rameaux, et qu'alors il y aurait perte de matière combustible, par conséquent perte pour la société, et perte pour le propriétaire.

Il faut d'ailleurs s'empresser d'enlever et de transporter aux lieux de consommation les bourrées de pins, pour prévenir la perte de ces aiguilles, qui peuvent se détacher des rameaux sans inconvénient pour le consommateur lorsque cela a lieu chez lui, mais qui lui feraient éprouver de la perte si c'était ailleurs ; car il est reconnu que les aiguilles des pins ont une qualité combustible si particulièrement forte, qu'elles influent beaucoup sur la valeur des bourrées.

La durée de l'intervalle à mettre entre la coupe ou l'arrachis des rameaux et leur façonnage en bourrées doit varier de huit à quinze jours et même plus, suivant la température et la saison de l'année où on fait les éclaircissemens. Ce qu'il importe, c'est que, d'une part, les rameaux aient ressué et soient fanés, et que, d'autre part, ils ne soient pas assez desséchés pour que les aiguilles s'en détachent.

Pour les brins destinés à faire du cotteret, du bois de corde-rondin , des échalas , des perches , du chevron, etc. , il importe de les débiter peu de semaines après la coupe , et d'en faire des piles, placées sur un sol sec, où les brins puissent ressuer ; car, comme le bois est jeune, qu'il n'était pas aéré , mais au contraire étouffé , qu'en un mot c'est une sorte de bois encore herbacé, il se détériorerait rapidement si on le laissait long-temps sur terre, sur-tout dans les temps humides, outre qu'il y aurait le grave inconvénient de donner naissance aux insectes.

8°. *Enfin , quel est l'espacement définitif à adop-ter dans les bois de Pins ?*

Cet objet est d'une très-haute importance ; j'aurai occasion d'en parler au CHAPITRE XIV. Ici, j'observerai qu'il y a, sous ce rapport, une différence notable entre les bois feuillus et les bois résineux, parce que ceux-là exigent beaucoup plus d'étendue superficielle de terrain pour végéter avec tous les avantages dont ils sont susceptibles, que n'en exigent les espèces résineuses.

Ce qui peut leur être commun , c'est lorsqu'ils sont dans l'enfance et dans l'état adolescent.

Alors il est avantageux aux uns et aux autres de se trouver d'abord dans un état serré, pour mieux filer, puis de les éclaircir graduellement pour les aérer, leur procurer de la lumière, et leur donner l'espacement nécessaire à leur nourriture, qui, d'une part, est terrestre, et qui, d'autre part, est aérienne.

Mais les bois feuillus, qui, toutes choses égales, sont plus lents à croître que les arbres résineux, sans avoir des dimensions plus fortes en grosseur, en ayant même de moindres en hauteur, exigent cependant en définitif un espacement beaucoup plus considérable que les bois résineux, tellement que la différence est comme un à onze entre les pins maritimes et les chênes. Pour ceux-ci, M. Varennes de Fenille, page 75 de la première partie de ses *OEuvres*, et M. de Perthuis, père, pages 191 et 201, fixent l'espacement à vingt-six pieds, depuis l'âge de cent vingt ans jusqu'à deux cent vingt-cinq, de manière que, durant plus d'un siècle, il ne s'y en trouverait que soixante-dix par arpent d'ordonnance, et chaque sujet exigerait durant ce long espace de temps une étendue superficielle de presque sept cents pieds ; tandis qu'à l'espacement de huit pieds entre eux, les pins n'exigent qu'une étendue superficielle de soixante-quatre pieds.

Cette différence, qui est énorme dans l'écartement des arbres, selon qu'ils appartiennent à la classe des feuillus ou qu'ils sont dans la classe des résineux, quoiqu'à dimensions égales, s'explique par les principes de la végétation. 1°. Il y a des arbres qui vivent davantage par leurs tiges et par leurs feuilles; les uns végètent plus par la nourriture terrestre et d'autres tirent plus de végétation de la nourriture aérienne; 2°. plus les arbres sont jeunes, plus ils sont poreux, et plus ils sont susceptibles de vivre par leurs tiges et par leurs feuilles ; 3°. les arbres résineux doivent être plus particulièrement dans ce cas-là, puisqu'ils conservent toute l'année leurs feuilles ; M. Bosc le dit même positivement à l'article *Pin*, page 81 du tome X ; et l'espèce maritime est plus encore que les autres pins susceptible de vivre davantage par sa tige et par ses rameaux, en ce que son bois est plus poreux ; 4°. la lumière, encore plus que l'air et la chaleur, qui cependant l'accompagnent toujours, mais qui n'en sont pas également toujours accompagnés, exerce au premier degré une influence très-active sur la végétation. Or, les aiguilles, qui, dans les arbres résineux, tiennent lieu de feuilles, ne présentent pas, sur-tout dans les pins, de surface. Elles laissent passer la lumière, et par suite l'air et la

chaleur dans toutes les parties des arbres dont
elles dépendent, comme entre ceux-ci lorsqu'ils
sont en massifs ; au lieu que dans les bois feuillus,
les feuilles, qui accompagnent leur végétation,
offrent par leur masse une si grande surface,
que les sujets ont besoin d'être en quelque sorte
isolés les uns des autres pour pouvoir être at-
teints par la lumière sur leurs côtés, et elle ne
les atteint toujours qu'imparfaitement, parce que
la voûte des feuilles qu'ils offrent, intercepte le
passage de la lumière par le haut et s'oppose à
la plénitude des bons effets de celle-ci. En in-
terceptant ainsi le passage de la lumière, les
feuilles, lorsque les arbres sont rapprochés, interceptent également le passage de l'air, et elles
repoussent la chaleur en l'empêchant de pénétrer
sur les rameaux, sur les tiges des arbres et sur
la terre qui les nourrit.

Je n'ai bien senti et je ne me suis bien expliqué cette grave et importante distinction, que
par la vue ainsi que par la comparaison des objets : c'est dans le voisinage de ma culture, à la
jolie terre du Bois-David, appartenant à M. de
Ribard, ancien maire de Rouen. Il s'y trouve un
massif de pins maritimes âgés alors d'environ
quarante - cinq ans, espacés régulièrement de
dix à douze pieds entre eux ; leur grosseur, à qua-

tre pieds au-dessus du sol, était de trois, de quatre, de cinq pieds et davantage en circonférence ;
leur hauteur était de cinquante à soixante pieds,
dont environ les deux tiers en tige nette de branches. En les examinant sur place, il m'était évident qu'ils étaient largement espacés et qu'ils
auraient pu l'être moins sans cesser de végéter
à leur aise ; il m'a été également évident que la
lumière, l'air et la chaleur y pénétraient en abon
dance, car, en me plaçant dans ce massif je m'y
trouvais comme en plein air, et, pour ainsi dire,
à ciel découvert : tandis que l'obscurité et une
humidité pénétrante régnaient sous un autre
et plus grand massif attenant presque au premier, mais composé principalement de chênes
et de hêtres également espacés de dix à douze
pieds entre eux. Ils étaient aussi âgés d'environ
quarante - cinq ans ; mais ils n'avaient qu'une
grosseur, en circonférence, de un à deux
pieds : aussi étaient-ils fluets et comme étiolés.
L'obscurité produite par la surface des feuilles
de ces arbres était telle, que ni la lumière, ni
l'air, ni la chaleur, ne pouvaient pénétrer dans le
massif. Aussi je trouvais dangereux d'y séjour-
ner, même d'y circuler dans un état de moiteur,
au lieu que je n'éprouvais que du bien-être sous
le massif de pins.

La raison de cette différence, qui est frappante lorsqu'on est sur les lieux, parce qu'alors
les objets parlent tout-à-la-fois aux yeux et à la
sensation, vient, je le répète, de ce que les
aiguilles, qui tiennent lieu de feuilles dans les
pins, n'interceptent nullement le passage de la
lumière, de l'air, ni de la chaleur ; au lieu que
les feuilles des chênes et des hêtres font inter-
ception, par leur surface, à ces trois météores,
qui agissent si puissamment sur la végétation.

Je viens de parler de l'espacement de huit
pieds, et c'est ainsi que je me suis exprimé au
n°. 5 qui précède, pour manifester l'opinion
que c'était l'espacement définitif à adopter
pour les pins. D'après tout ce que j'ai vu et observé, j'ai pleine confiance dans cette opinion à
l'égard des pins maritimes ; mais je suis enclin
à croire qu'il faut plus d'espace pour les pins
sylvestres, dont les aiguilles sont plus multipliées, les rameaux plus horizontaux, et les dimensions en grosseur comme en hauteur plus
fortes que dans les pins maritimes.

Dans les pins sylvestres, il y a, au surplus, à
distinguer entre celui de Riga et les autres. Le
pin de Riga, qui paraît avoir de plus grandes
dimensions que les autres sylvestres, est, d'un
autre côté, plus élancé et plus pyramidal. Je ne

doute pas que, nonobstant l'avantage de grosseur qu'il a sur eux, il ne puisse être autant rapproché qu'ils peuvent l'être entre eux.

Les pins laricios peuvent être aussi fort rapprochés les uns des autres, sur-tout celui de Corse, parce qu'il est pyramidal, pour ainsi dire, comme un peuplier d'Italie; que ses rameaux n'affament point sa tige, ni par leur grosseur, ni par leur nombre, puisque, dans son pays natal, les sujets de cent vingt pieds de hauteur en ont plus de cent en tige nette de branches, et moins de vingt en houpe.

On n'est pas assez avancé en France dans la culture des laricios de Calabre et de l'Asie mineure, pour en parler sous ce rapport en connaissance de cause ; mais à en juger par les jeunes sujets qui s'y trouvent, comparativement au laricio de Corse, ils sont, sur-tout celui d'Asie, bien moins élancés, beaucoup plus branchus, et leurs rameaux, qui sont horizontaux, tallent beaucoup, au lieu qu'ils sont verticaux dans le laricio de Corse.

Le pin laricio d'Amérique peut être assimilé à celui de Corse, d'après ce qu'en dit M. Michaux et d'après ce qu'on peut conjecturer de la vue des sujets du jardin de M. Guy, à Saint-Germain ;

mais pour celui d'Autriche ou de Hongrie , je n'en puis rien dire.

Le pin du lord peut être aussi fort rapproché, parce que ses rameaux ont beaucoup de la forme pyramidale , que d'ailleurs ils sont très-courts, et parce que l'extrême finesse de leurs aiguilles laisse plus de passage à l'air et à la lumière. Aussi M. Michaux, qui les a tant observés dans les forêts vierges d'Amérique , assure-t-il que leur tige est nette de branches jusqu'aux deux tiers et même aux trois quarts de toute leur élévation , en sorte qu'à cet égard ils se rapprochent beaucoup du laricio de Corse.

Ce grand rapprochement des arbres résineux , d'où résulte qu'on peut en avoir au-delà du décuple de ce qu'on aurait en chênes et en hêtres , n'est point une chose conjecturale. C'est un fait positif, non-seulement parce que je l'ai vu dans ce qui, en 1818 , restait des belles sapinières des environs de Laigle; que je l'ai observé au Bois-David, chez M. de Ribard, et au Monceau chez M. Duhamel; mais aussi parce que M. l'abbé Fornaini fixe à sept ou huit pieds l'écartement des sapins de la célèbre abbaye de Vallombreuse, où ils sont cultivés depuis un grand nombre de siècles; que M. Michaux dit , à l'occasion des forêts de sapins noirs d'Amérique , que leur espacement n'est souvent que de trois, quatre ou cinq pieds, sans que cela paraisse nuire à leurs dimensions en grosseur ; que dans les sapinières bien tenues du Jura, les sujets arrivant à maturité sont espacés de quatorze à quinze pieds, avec une grande quantité de jeunes sujets dans leurs intermédiaires, au témoignage de M. Noirot et de M. Remond ; et que, d'après ce qu'en rapporte d'une manière circonstanciée M. Baudrillart, à l'article *Exploitation*, de son *Dictionnaire forestier*, M. Hartig, qui fait autorité, explique que les sapins de cent à cent vingt ans sont, lorsqu'on les exploite, espacés alors, dans les forêts bien tenues, de dix à douze pieds entre eux, compris leur emplacement : toutes choses que j'aurai occasion de rappeler au Chapitre XIV, où je discuterai ce que M. Dralet exprime sur ce point dans son *Traité des arbres résineux*.

9°. *Dépenses et profits qui résultent de l'éclaircissement des bois de pins.*

Ayant à établir la même chose pour les élagages qui feront l'objet du Chapitre suivant, j'y renvoie, parce qu'alors j'expliquerai ce que ces deux travaux, qui se font en même temps, occasionnent de dépense et de profit.

CHAPITRE VIII,

CONCERNANT L'ÉLAGAGE DES PINS.

Dans le Maine, où j'ai plus particulièrement étudié la culture et l'exploitation des pins, on est généralement partisan de l'élagage ou de l'émondage des pins, et, à quelques exceptions près, on se livre à cette opération industrielle à un degré plus ou moins discret chez les uns, comme à un degré plus ou moins forcé chez les autres.

Avant d'examiner à quel âge des semis on doit élaguer les pins, à quelle époque de l'année, et la manière de procéder à ce travail, il faut examiner s'il est vraiment utile.

Cette utilité est contestée par les uns et soutenue par d'autres, comme je l'ai rapporté en la première édition de ce Traité. Ce qui est incontestable, c'est qu'en admettant l'utilité, il faut apporter au travail de l'élagage une attention, un discernement et une discrétion qui ont rarement lieu dans la pratique. C'est sous cette condition que je professe l'opinion des avantages d'élaguer, et que je vais en parler.

1°. *De l'utilité de l'élagage, et des désavantages que cause le défaut d'éclaircissement et d'é-mondage.*

SUR L'UTILITÉ.

Elle est évidente à mes yeux, et c'est à un plus haut degré pour les pins croissant en massif, que pour ceux isolés.

Pour ceux-ci, l'inconvénient du défaut de les élaguer consiste à les rendre noueux, à les priver d'une belle élévation, et par conséquent à les rendre ou impropres ou moins propres à faire de belle marchandise en menuiserie et en mâture; mais du moins ils sont sains : tandis que pour les sujets croissant en massif, l'adhérence des branches mortes, beaucoup plus prolongée que dans les bois feuillus, est singulièrement nuisible à leur prospérité, comme les chairs mortes sont nuisibles à la bonne santé dans le règne animal; et sur-tout la circonstance de l'incorporation des chicots *morts* de ces branches dans les tiges, y laisse, lorsqu'on les débite, un vide, qui trop souvent réduit à presque rien le diamètre des plus gros arbres, sous le rapport de leur emploi en charpente, en menuiserie et en constructions navales.

Aussi M. de Menjot d'Elbenne a-t-il acquis, dans sa culture personnelle au pays du Maine, la preuve de l'utilité de l'élagage de ses pins, en ce qu'il lui est arrivé de s'en abstenir dans un de ses nombreux massifs, et qu'il en est résulté, lors du débitage des tiges, que les chicots des branches mortes et tombées à la longue ne faisaient pas corps avec les tiges en s'y incorporant; la hache du charpentier, la scie et le rabot du menuisier, les ébranlaient; ils se détachaient et laissaient un vide dans les planches, les solives, etc.

Cette observation pratique m'a été répétée par M. Michaux. En Amérique, où on est encore bien autrement insouciant qu'en Europe sur les soins qu'il est utile de donner aux arbres, il est reconnu, me disait M. Michaux, que les branches mortes qui tombent de vétusté laissent des chicots adhérens aux tiges des arbres; que le bois de ces chicots s'incorpore bien dans les tiges, mais sans faire corps avec elles, en sorte qu'ils s'en détachent lorsqu'on met le bois en œuvre, et il arrive souvent que les vides qu'ils laissent sont si profonds , qu'une grosse tige est réduite à un équarrissage ou à un diamètre de quelques pouces.

On a fait la même remarque en Ecosse sur les mélèzes, qu'on y cultive depuis moins d'un siècle , à ce que je vois page 7 d'une brochure sur la culture de cette précieuse espèce d'arbres résineux, traduite par M. Michaux et imprimée à Paris chez d'Hautel.

M. Dralet témoigne la même opinion , pages 165 et 166 de son *Traité des forêts d'arbres résineux*.

Je dois beaucoup d'observations à l'obligeance de M. le baron de Monville , pair de France , et entre autres celle-ci, qui a rapport à l'objet que je discute.

M. de Monville a remarqué qu'en s'abstenant de l'élagage des pins, la sève était retenue dans le bas des tiges par les couronnes inférieures qui l'absorbaient, de telle manière que les tiges ne s'élèvent pas et qu'elles forment ce qu'on appelle vulgairement , en forêt, la queue de rat , au lieu qu'un élagage convenablement fait leur procure une grosseur bien proportionnée dans toute leur longueur.

M. Hartig exprime vivement la même opinion, et il observe que l'élagage même du chêne est une chose plus particulièrement nécessaire dans les terrains maigres (article *Exploitation*, du *Dictionnaire forestier* de M. Baudrillart) , par conséquent dans les terrains où se trouvent presque toujours et presque exclusivement les pins.

Cette absorption de la sève terrestre par les branches inférieures des arbres, est d'autant plus désavantageuse dans les espèces résineuses, qu'elles sont reconnues vivre plus par leurs feuilles que par leurs racines. Or, si les rameaux supérieurs ne sont pas suffisamment vigoureux, ils manquent de moyens d'aspirer la sève aérienne, et par suite toutes les parties de l'arbre doivent souffrir de cette privation de moyens de végétation.

En pratiquant l'élagage des pins dans ma culture suivant les préceptes de mes pairs et maîtres du pays du Maine, et d'après ce que j'ai vu, j'ai remarqué qu'un des effets de ce travail était d'accroître plus promptement le grossissement des tiges lorsqu'on faisait la coupe en tire-sève, comme je l'expliquerai dans un moment, probablement parce que les tire-sèves occasionnent un prolongement de son séjour dans cette partie des arbres sans en rien dépenser à la nourriture des branches supprimées : de telle sorte que l'incorporation des tire-sèves dans la tige s'opérait dès l'âge de deux à trois ans après l'élagage, et qu'il ne restait plus de trace extérieure de celui-ci.

Un autre effet, que je n'ai commencé à observer qu'à l'automne 1823, c'est que l'incorporation des tire-sèves s'opère en *bois vif*, chose très-importante et qui me paraît digne de remarque, au lieu que l'incorporation des longs chicots des arbres non élagués se fait en *bois mort*, et occasionne les trous ou les vides dont je viens de parler, parce qu'ils ne peuvent pas faire corps avec le bois des tiges, comme il arrive aux tire-sèves, qui ne cessent pas d'être en bois vif.

J'ai encore remarqué, dans ma culture, que lors de cette incorporation des tire-sèves, la nature n'admettait pas leur écorce. Elle reste en dehors de la tige et offre la vue d'une gaîne ronde, qui se détache des tiges lorsque leur grossissement a produit en elle l'incorporation du seul bois proprement dit des tire-sèves ; tandis qu'on remarque souvent dans les bois débités l'écorce des chicots incorporés à bois mort, et qui y est d'un plus vilain aspect qu'eux.

M. de Burgsdorf a traité de minutieuse la peine qu'on se donne, dit-il à tort, de couper aux pins leurs branches inférieures, et M. Schultz, dont

M. Baudrillart rapporte à cette occasion une note, blâme plus positivement encore ce travail, qu'il trouve même nuisible, probablement parce que, dans l'exemple désastreux qu'il en rapporte, les élagueurs ont agi comme les faiseurs de fagots, qui émondent ordinairement les arbres, non pour leur prospérité, mais pour avoir plus d'émondes, leur objet étant précisément l'inverse de ce qu'il faudrait faire et de ce que j'enseigne d'après mes maîtres, d'après mes examens sur le terrain et d'après mon expérience.

Je conçois que dans les pays où le bois surabonde, où il est sans valeur, où les bras de la classe ouvrière sont occupés, je conçois, dis-je, qu'on trouve ridicule de donner des soins et d'employer son intelligence, aussi bien que son amour pour l'humanité, à augmenter cette surabondance.

Mais pour les localités où cette surabondance n'existe pas ; pour le pays où il y a insuffisance ou même disette de bois, et manque d'occupation, il n'y a certainement ni minutie ni ridicule à donner aux arbres des soins tels, qu'ils deviennent plus précieux et plus propres aux besoins de la société par un travail fructueux à leur maître, comme je vais avoir occasion de le dire ; utile à la consommation, utile aussi à la richesse des travaux et à la morale, par les moyens d'occupation qu'il procure à la classe ouvrière.

Sous un autre point de vue, l'élagage des pins est une bonne chose ; je veux dire qu'on a uniformément signalé les arbres résineux malades, ceux morts ou dépérissans, les branches mortes, etc. , comme donnant naissance à une multitude d'insectes non-seulement nuisibles, mais même destructeurs des bois d'essences résineuses, lorsque ces insectes deviennent trop nombreux, ou qu'ils sont favorisés par les circonstances atmosphériques, comme M. Baudrillart en rapporte tant d'exemples à l'article *Insectes*, de son *Dictionnaire forestier* : en sorte qu'une des recommandations faites, notamment par M. Hartig, est de tenir les bois résineux continuellement dans un état de propreté qui exclut ou qui du moins diminue les causes de la multiplication des insectes. Or, pour se conformer à cette sage recommandation, il est nécessaire d'ôter aux pins les branches mortes qui restent adhérentes aux tiges un grand nombre d'années, avant que leur pourriture les en détache.

SUR LES DÉSAVANTAGES QUE CAUSE LE DÉFAUT D'ÉCLAIRCISSEMENT ET D'ÉLAGAGE.

Dans ce que je viens de dire, je n'ai envisagé les choses que sous le rapport des bons effets que produit l'élagage sagement exécuté.

Mais pour les mieux faire ressortir, il est bon de considérer les pertes qu'on éprouve à s'abstenir d'éclaircir et d'élaguer ses bois de pins.

Or, sous ce second point de vue, j'ai eu, dans ces derniers temps, occasion d'apprendre un fait d'exemple qui me paraît frappant. Le voici : c'est M. Lemarchand-Foulongne, du Mans, qui a eu l'obligeance de me le fournir.

Il avait été appelé, en dernier lieu, à départager trois estimateurs de la superficie d'un bois de pins maritimes d'une étendue de cinq cents arpens forestiers, âgés généralement de cinquante ans et quelquefois au-dessus, mais que leur propriétaire décédé n'avait jamais fait éclaircir ni élaguer.

Pour mieux remplir la mission qu'il acceptait, il s'imposa la tâche d'examiner pièce à pièce chacun des pins existant sur cette étendue considérable de terrain.

Arrivé au point d'en avoir examiné et palpé

le nombre de vingt-neuf mille, il a cru être assez avancé pour adopter cette grave et importante opinion, que par son inertie, ou le défaut d'éclaircissement et d'élagage de ses bois de pins, le propriétaire avait fait perdre à ses enfans soixante pour cent de ce que la superficie était capable de valoir.

Cet exemple me porte à ajouter que l'utilité de l'éclaircissement et de l'élagage des bois de pins peut s'envisager sous plusieurs points de vue :

1°. Le propriétaire obtient par là des produits qui non-seulement le font rentrer dans ses avances, mais qui même lui procurent du bénéfice.

2°. La société en retire tout-à-la-fois des moyens de consommation et des valeurs de travaux.

3°. L'éclaircissement et l'élagage convenablement exécutés ont le grand avantage de hâter la végétation des sujets conservés ; ils arrivent sensiblement plus tôt à maturité, que s'ils n'avaient pas reçu cette amélioration, utile au maître comme à la société.

Il en résulte même un autre avantage fort remarquable, c'est l'augmentation de la quantité de matière et de sa qualité, parce que, dans un bois éclairci, les arbres conservés grossissent davantage ; ils y sont mieux faits, et la qualité

de leur bois est meilleure que dans ceux aban-
donnés à eux-mêmes.

M. Duhamel, M. Varennes de Fenille, M. Bosc,
MM. de Perthuis, M. Noirot, M. Hartig, M. Lintz,
etc., sont unanimes sur ces différens et importans
avantages.

2°. *A quel âge du semis convient - il de faire le
premier élagage ?*

Il faut distinguer les espèces. Le pin maritime,
croissant plus vite, doit être élagué plus tôt que
les pins sylvestres ; ceux-ci plus tôt que les pins
laricios, qui arrivent plus tard à maturité ; et probablement que ceux-ci, à leur tour, doivent être
élagués aussi plus tôt que le pin du lord, qui me
paraît être l'espèce arrivant la dernière à maturité.

Il n'y a pas au surplus à cet égard d'âge absolu. De même que pour les éclaircissemens,
cela dépend de la force avec laquelle végètent
les jeunes pins. D'après ce que j'ai étudié dans
le Maine et dans ma culture, l'âge auquel il convient d'élaguer pour la première fois peut varier de cinq à huit ans du semis dans l'espèce
maritime, et de sept à dix ans dans les espèces
sylvestres.

On tient pour maxime dans le Maine, et j'ai

eu soin de m'y conformer, de ne pas, lors du premier émondage, soumettre à cette opération indistinctement tous les sujets d'un semis, mais seulement les plus forts, tels que ceux qui ont environ quatre pouces de circonférence à un pied au-dessus du sol; ceux aussi qui ont la forme conique très-prononcée, et ceux ayant de grosses branches gourmandes qui affament les tiges.

3°. *A quelle Époque de l'année doit - on élaguer les pins ?*

Sous le rapport de la qualité du bois, ce devrait être en morte-sève, et même dans le croissant de la lune. Aussi M. Allaire m'a-t-il appris qu'en Champagne, la saison où on élague les pins est le plein hiver. Toutefois M. de Musset de Cogners, qui a ses propriétés dans le Maine, m'a observé qu'il fallait éviter les momens de forte gelée, et les circonstances de frimas, de givre et de neige, tout en me citant les mois de février et de mars comme la saison la plus propre à l'élagage.

Je crois que c'est une époque particulièrement favorable, que l'intervalle de la mi-août à la mi-septembre. Durant cet espace de temps, les pins, du moins et plus particulièrement le maritime, sont moins en sève; ils sont en quelque sorte stationnaires, et la saison est singulièrement favorable pour le travail, tant de l'élagage, que du façonnage des bourrées, en même temps qu'elle hâte la fenaison des rameaux supprimés.

Sous le rapport de la déperdition de la sève, qu'il convient d'éviter, il est évident que la saison de plein hiver et celle que je viens de signaler, sont à préférer.

Cependant dans le Maine, on élague le plus généralement dans le courant de l'été, moi-même j'ai le plus souvent préféré cette époque, tant parce que, dans les autres saisons, mes ouvriers avaient d'autres travaux plus pressans à exécuter, que parce que j'ai reconnu que dans les temps pluvieux, ou seulement humides, l'élagage est excessivement pénible. J'ai d'ailleurs remarqué qu'en élagant avec quelque soin, comme je viens de le dire, la déperdition de sève est pour ainsi nulle.

Au surplus, il y a presque toujours à éclaircir dans une pinière lorsqu'on y fait un élagage; et dans le Maine, c'est je crois avec raison qu'on procède simultanément à ces deux travaux.

4°. *A quelle distance du tronc doit-on faire la coupe des branches?*

D'après ce que j'ai dit en parlant de l'utilité de l'élagage, on sent que ce ne doit pas être rez du tronc.

Dans le Maine, on est très-prononcé contre cette coupe rez du tronc ; on met de l'importance à ce qu'elle soit faite à deux ou trois pouces d'éloignement, et à la manière dite en pied de biche.

J'ai eu quelquefois l'occasion de comparer à la vue ces deux manières opposées de procéder à l'émondage des pins, et toujours l'effet que j'ai éprouvé a été de trouver d'un aspect maigre et frêle les pins élagués à rez tige ; au lieu que les sujets élagués à quelques pouces de distance, mais à une hauteur discrète, m'ont toujours offert un aspect riche, l'apparence d'une végétation vigoureuse, et la forme conique ou de clocher, qui (mais seulement dans la première jeunesse des pins) indique une grande force végétative.

On peut, ce me semble, dire de cette manière d'élaguer que c'est la taille en crochet, recommandée par M. Bosc, pag. 30 et 31 du tome XIII ;

les parties de branches conservées à deux ou trois
pouces de longueur font tire-sève ; elles accu-
mulent, elles amusent et elles prolongent le séjour de la sève dans la tige, qui grossit en proportion de ces circonstances. Aussi les sujets
convenablement élagués dans le Maine y grossissent rapidement ; les chicots s'incorporent *à
vif* dans les tiges, car on ne les rabat pas ; ils
forment corps avec le bois, et présentent, lors
de son emploi en menuiserie, des yeux d'un effet
fort agréable, quoique détestés des ouvriers, à
cause de la dureté du bois à ces endroits des
tiges, dureté qui est certainement due au plus
long séjour de la sève, séjour qui a dû favoriser
le grossissement du tronc.

Il paraît que, dans la Champagne, on élague
à une plus grande distance, car M. Allaire m'a
cité celle de six pouces ; mais on rabat les chicots lors de l'élagage subséquent, au lieu que
dans le Maine on ne les rabat pas. Pour moi,
je me trouve bien de faire faire ce rabat lors
de cet élagage subséquent, quand il se rencontre sur les tiges de mes pins des chicots qui
n'y sont pas encore incorporés, et j'ai trouvé,
dans la pratique, que ce soin n'entraîne à aucune dépense ; ce n'est qu'une attention des ouvriers à avoir lors de leur travail d'élagage.

Je trouve que la coupe à la longueur de deux pouces est à préférer pour que l'incorporation des chicots dans la tige ait lieu en bois vif, parce qu'à une longueur plus forte, cette incorporation se ferait attendre trop long-temps pour être totale, et qu'alors il pourrait y avoir une portion de bois mort, chose qu'il est bon d'éviter. Du reste, cette longueur de deux pouces m'a paru suffisante, dans ma pratique, pour amuser la sève, la retenir suffisamment dans la tige, et pour produire le bon effet de la taille dite en crochet ou en tire-sève.

Dans le Maine, la coupe en pied de biche ou en sifflet se fait généralement en dessous, et cette manière de couper les branches est, jusqu'à une certaine hauteur, très-commode pour l'ouvrier, qui, en soulevant légèrement la branche d'une main, facilite beaucoup la coupe prompte, nette et sans éclat. Mais à une certaine élévation, il est plus commode de faire la coupe en pied de biche en dessus. Cette autre manière exige plus d'attention pour prévenir l'éclat des branches, et elle a l'avantage de s'opposer plus que l'autre à la déperdition de la sève.

Dans le Maine, c'est ordinairement à la serpe, et assez mal, qu'on exécute le travail de l'élagage. Je préfère de beaucoup, et je me suis toujours bien trouvé de faire ce travail avec plus de soin, avec de bonnes et grosses serpettes, qui, dans les mains d'un bon ouvrier, expédient la besogne aussi promptement et beaucoup plus proprement qu'avec la serpe. Chez moi on n'emploie celle-ci, dont l'ouvrier est toujours précautionné, que pour les trop grosses branches gourmandes, comme les doubles tiges.

A une certaine hauteur, je me suis très-bien trouvé de faire exécuter la coupe par le moyen d'un ciseau à douille, comme je le dirai au n°. 6 qui va suivre.

5°. *A quelle hauteur porte-t-on l'élagage?*

Il importe beaucoup à l'utilité de cette opération, que cette hauteur soit plutôt en moins qu'en plus.

M. de Malesherbes, page 167, rapporte que Miller faisait le premier élagage très-légèrement des branches les plus basses. M. Allaire m'a recommandé de ne faire élaguer qu'un étage de branches chaque année, ou, ce qui serait mieux, tous les deux ans. Dans le Maine, où souvent on élague en excès, faute d'y donner suffisamment d'attention, ou pour se procurer plus de bourrées, et parce que ce travail se faisant à moitié profit pour l'ouvrier, il se trouve avoir intérêt à élaguer haut ; dans le Maine, dis-je, il arrive ordinairement qu'on élague de manière à ne laisser que trois couronnes ou trois étages de branches ; mais cela n'est raisonnable que pour le premier et peut-être aussi le second élagage. Pour les autres, il ne m'a point été contesté que c'était trop peu, et il paraît qu'il convient d'en laisser alors quatre, cinq, six et quelquefois plus. Aussi M. Van der Bogaerde en laissait-il cinq ou six, et trouvait-il qu'à moins les sujets languissaient et grossissaient très-peu.

Dans ma pratique, j'ai remarqué qu'on ne juge bien de la hauteur à laquelle il convient le plus de porter l'élagage, qu'en opérant et en s'y reprenant souvent à deux fois. L'ouvrier, exercé à ce travail, juge, en donnant un coup-d'œil à l'arbre, de la quantité de couronnes dont il doit le dépouiller ; et au besoin, après en avoir coupé les plus basses, il l'envisage de nouveau pour juger s'il en doit rester là, ou, au contraire, ajouter à son premier travail ; mais jamais on ne doit laisser moins de trois couronnes outre la flèche. Ordinairement c'est quatre, cinq, six et davantage, si les sujets sont forts et hauts. Lorsqu'ils ont de trop gros rameaux dans ce nombre, je me suis bien trouvé, non de les faire supprimer, mais de les faire raccourcir.

6°. *Si on répète les élagages.*

Il est évident qu'on doit les répéter, puisque, pour bien opérer, il faut en faire un premier à quelques années du semis, et que, pour être bien fait, il doit être très-modéré.

Dans le Maine, c'est tous les deux, trois ou quatre ans. Dans les pinières maritimes, on répète ce travail jusqu'à vingt et vingt-cinq ans, selon la vigueur des sujets.

Mais, je ne puis trop le répéter, il vaut mieux élaguer moins qu'élaguer trop, et lors de tous les émondages postérieurs aux deux premiers, il importe de s'attacher à laisser aux pins une houpe de quatre, cinq, six et même sept étages de branches.

Lorsqu'on est arrivé au quatrième ou cinquième élagage, les couronnes de branches cessent d'être à portée de l'ouvrier. Je me suis parfaitement trouvé, pour faire leur coupe, d'employer un moyen analogue à celui usité par les ouvriers de ma contrée, qui nettoient de bois mort et de branches superflues les poiriers et pommiers à cidre. Ils se servent d'un ciseau de menuisier ayant une douille, dans laquelle ils placent un manche plus ou moins long, et avec ce ciseau ils coupent les branches qu'ils veulent supprimer, en le plaçant par le taillant sous la branche, et en le faisant agir par un ou plusieurs coups de maillet sur le bout inférieur du manche. J'ai amélioré l'outil et la manière de s'en servir, en faisant confectionner des ciseaux de largeur différente, et en donnant à leur taillant un cintre concave imitant le croissant de lune. Cette forme a l'effet d'emboîter et d'embrasser un peu la branche qu'on veut couper. D'un autre côté, j'ai acquis la preuve, par l'expérience, qu'au lieu d'employer le moyen du maillet, il suffisait presque toujours à l'ouvrier de donner de ses deux mains un coup du taillant de son ciseau sur la branche, qui ordinairement se coupe net et plus promptement encore qu'avec la serpette.

J'ai recueilli un autre avantage de l'emploi de cet outil si simple. C'est de le faire servir à rabattre avec la plus grande promptitude et à raz des tiges les parties de chicots des précédens élagages qui n'y étaient pas encore incorporés.

7°. Emploi du bois des élagages.

Ce bois n'est propre qu'à faire de la bourrée.

J'ai dit, au chapitre précédent, qu'on l'employait avec beaucoup d'avantage aux fours à cuire le pain, ainsi qu'aux fours des plâtriers, briquetiers et autres chaufourniers. C'est effectivement là l'emploi qu'on en fait dans le Maine, où trop souvent on abuse de ce moyen de jouir plus tôt de ses pinières. C'est celui qu'on en fait aussi dans la forêt de Béernem, créée par M. Van der Bogaerde, et c'est également l'emploi qui s'en fait dans ma contrée.

8°. Dépenses et profits qui résultent de l'élagage des Pins.

J'ai déjà observé, au n°. 3 précédent, que le travail de l'éclaircissement et celui de l'élagage se faisaient simultanément.

Dans le Maine, on alloue ordinairement à moitié ces deux travaux, en sorte que là le produit brut se divise en deux portions égales entre le maître et l'ouvrier, que par conséquent la dépense est de la moitié du produit, et que le profit consiste dans l'autre moitié.

Ainsi, ces deux travaux ne sont point onéreux au maître, ils lui sont au contraire positivement profitables.

Chez moi, j'ai agi différemment. Ayant trouvé

que le travail ainsi alloué à moitié aux ouvriers ne se faisait pas d'une manière satisfaisante, et que l'ouvrier avait intérêt à faire vite sans s'embarrasser s'il travaillait bien pour l'avenir ; qu'il trouvait souvent du profit à supprimer ce qu'il importait de conserver, j'ai voulu que mes éclaircissemens et mes élagages se fissent par mes ouvriers à l'année et avec les outils que je fournis, pour qu'ils fissent de meilleure besogne. Et quoique je ne sache pas assez raisonner ma dépense, que je n'aie que de l'ordre, il est arrivé qu'en travaillant mieux qu'on ne le fait souvent dans le Maine, j'ai cependant obtenu le même résultat, c'est-à-dire que le produit en argent des bourrées, des fagots, des cotterets et des chevrons, que j'ai retirés jusqu'à présent de mes éclaircissemens et de mes élagages, n'a été guère absorbé que pour moitié par la dépense, et que j'ai retiré, en produit net, la moitié du produit brut.

Je puis d'autant plus assurer ce résultat, qu'au mois de septembre 1825, j'ai fait faire, durant mon séjour sur ma création de bois, une expérience qui le confirme pleinement.

Voici quelle a été cette expérience :

Ayant à faire nettoyer ou éclaircir et élaguer pour la troisième fois un boqueteau de vingt-cinq à trente arpens parisiens que j'avais créés, au printemps 1813, en pins maritimes et un peu en bouleaux, j'y fis procéder sur un des douze massifs dont j'ai composé ce petit bois.

Le produit en matière a été de deux mille cent bourrées et cotterets.

La dépense s'est élevée à cinq francs cinquante centimes par chaque centaine de bourrées et de cotterets; savoir, quarante sous à mes ouvriers à l'année, pour le travail de l'éclaircissement et de l'élagage, et trois livres dix sous aux ouvriers bûcherons, pour débitage et façonnage du bois en bourrées et en cotterets.

Or, pour que j'aie autant de profit que de dépense, il suffira que je vende au prix de onze francs du cent, et je n'ai pas encore vendu au-dessous; mais au contraire j'ai ordinairement vendu au-dessus.

CHAPITRE IX,

OU JE TRAITE PLUS PARTICULIÈREMENT CE QUI CONCERNE LA VÉGÉTATION DES PINS, LEUR AC-CROISSEMENT ET LEUR AGE DE MATURITÉ.

DANS les arbres feuillus, la durée de la végé-tation est d'environ six mois chaque année; mais les arbres résineux à feuilles persistantes, tels que les pins, ont une végétation plus prolongée. Il paraît qu'elle ne se ralentit que lors des grands froids, et qu'elle ne cesse totalement qu'autant que l'hiver est rigoureux. On a cette opinion dans le Maine, et elle concorde avec celle manifestée par M. de Burgsdorf en parlant des pins sylvestres d'Allemagne, où le climat est généralement plus froid qu'en France.

Cette plus longue durée de végétation an-nuelle dans les pins s'explique par cette triple considération, que les arbres vivent tout-à-la-fois par leurs feuilles et par leurs racines; qu'il y en a qui vivent, les uns continuellement, les

autres durant des périodes de leur existence,
plus par leurs feuilles que par leurs racines; et
que ceux qui, comme les pins, conservent leurs
feuilles toute l'année, doivent végéter également
toute l'année lorsque l'intensité du froid n'y
fait pas un obstacle absolu.

Dans leur début à la vie, les pins ont une végétation très-lente; mais à mesure qu'ils avancent en âge, elle prend une grande activité,
tellement qu'après avoir été au-dessous de celle
des bois feuillus, elle leur devient de beaucoup
supérieure.

En cultivant les pins, j'ai eu fréquemment occasion de remarquer que, dans les premières années du semis, les pins maritimes s'élevaient
davantage que les autres espèces; que dans les
sylvestres, le pin de Riga s'élevait plus promptement que les autres de cette espèce, et que le
pin de Genève était le plus lent dans sa croissance au début de la vie.

Le pin laricio est aussi d'abord très-lent à s'é-
lever; mais c'est seulement les trois ou quatre
premières années, après quoi il fait des pousses
graduellement plus fortes.

Je n'ai pas sur le pin du lord la même expérience pratique, ce que j'en ai pu observer lui

donnerait sous ce rapport beaucoup de ressem-
blance avec le pin laricio.

Après ces premières observations, j'examine
successivement :

*Quel est l'accroissement annuel des pins en
grosseur?*

Sous ce rapport, l'accroissement des arbres
est bien plus avantageux que sous celui de la
hauteur. L'augmentation d'un pouce dans la
grosseur donne incomparablement plus de matière que l'augmentation d'un pied dans la hauteur, outre que le bois des gros arbres est d'une
meilleure qualité, et qu'il est plus dense que
celui des arbres trop élancés.

Dans les espèces feuillues, le taux commun
du grossissement annuel varie selon les essences :
d'après les expériences de M. Duhamel et celles
de M. Varennes de Fenille, il n'est que de deux
à trois lignes en diamètre dans le chêne; tandis
qu'il est de douze lignes dans le peuplier blanc
ou l'ypréau, appelé aussi blanc de Hollande.

A l'égard des pins, le grossissement est différent selon les espèces; mais dans toutes celles
à grandes dimensions, il est beaucoup plus considérable que dans le chêne.

Dans le Maine, le pin maritime paraît grossir annuellement, terme moyen, d'un pouce en circonférence, ou quatre lignes en diamètre; à mon égard, je ne suis pas assez avancé dans ma culture pour avoir une opinion consacrée par l'expérience des années. Ce n'est qu'en 1824, à la fin d'août et au commencement de septembre que j'ai fait le mesurage de trois et plus souvent de six sujets dans chacun de ceux de mes massifs prenant alors douze, treize et quatorze ans de semis, en ayant soin d'exclure les arbres extraordinairement beaux et ceux destinés à être supprimés lors des éclaircissemens. Or, sur cent quatorze sujets ainsi mesurés à trois pieds au-dessus du sol, j'ai trouvé, terme moyen, un grossissement annuel de quinze à seize lignes en circonférence; on prend même cinq lignes en diamètre, en supputant l'âge où, après leur semis, ces sujets avaient pu avoir cette hauteur de trois pieds. Ayant répété en 1825 mon mesurage à la même époque, comme je me propose de le faire chaque année, et ayant pu le faire d'une manière plus positive, parce que je n'avais plus à supputer l'âge à la hauteur de trois pieds, j'ai trouvé un grossissement pour l'année de presque vingt lignes en pourtour, ou six lignes et demie en diamètre.

Le pin sylvestre d'Écosse cultivé dans le Maine y paraît grossir annuellement autant que le pin maritime; mais en Allemagne, où c'est l'espèce ou variété dite sauvage, il résulte de ce que rapporte M. de Burgsdorf, page 394 du tome Ier., que dans les circonstances favorables, ce ne serait que neuf lignes en circonférence, ou trois lignes en diamètre. Chez moi, je n'ai pu commencer mes remarques qu'en 1824, et seulement sur vingt-sept sujets, dont trois de l'espèce ou variété dite de Genève. Ceux-ci ont moins grossi que les pins d'Écosse; mais à terme moyen, le grossissement de tous a été de presqu'un pouce, ou presque quatre lignes en diamètre. Ayant remesuré ces sujets à la même époque 1825, j'ai trouvé pour l'année, un grossissement de plus de dix-huit lignes en circonférence, ou six lignes en diamètre.

Pour les pins laricios, on n'est pas encore assez avancé dans leur culture en France pour avoir une opinion définitive à cet égard; cependant on est dans le cas d'en prendre une avantageuse en considérant qu'en Corse les sujets de neuf à douze pieds de pourtour y sont communs, puisque leur âge de maturité paraissant être de cent vingt ans, ils grossiraient annuellement de neuf à douze lignes, ou de trois à

quatre en diamètre, tout en abaissant leur pourtour à neuf pieds.

Je n'ai été en état de faire des remarques que
sur deux sujets, qui sont celui de l'École botanique
au Jardin du Roi, planté en 1774, et celui de
M. Périaux père, acquéreur de M. Quesné, au
bois Guillaume, près Rouen, planté en 1776,
ils ont grossi annuellement; savoir, le premier
au-delà de quinze lignes en circonférence, ou de
cinq lignes en diamètre; l'autre a grossi de plus
de treize lignes, ou au-delà de quatre en diamètre.

La culture du laricio de Calabre n'étant encore que dans son enfance en France, j'ignore
ce qu'il faut penser de son grossissement annuel.

Il en est à-peu-près de même du laricio d'A-
sie, seulement j'ai pu observer à son égard que
le grossissement de quatre sujets provenant des
graines apportées par M. Olivier était, terme
moyen, en 1825, d'environ un pouce de circonférence par année.

Pour le laricio d'Amérique, les sujets du jardin de M. Guy à Saint-Germain annoncent un
grossissement annuel fort avantageux, puisqu'il
excéderait quinze lignes en circonférençe.

Mais pour le laricio d'Autriche, je n'en puis
rien dire.

Enfin pour le pin Veymouth, je manque de

renseignemens précis sur son grossissement annuel ; mais d'après les belles dimensions qu'il a
en Amérique, et celles qu'on lui voit prendre
en France, on doit croire, en le comparant à
son âge de maturité de cent cinquante ans, que
son grossissement annuel n'est point inférieur à
celui du pin laricio ; le seul sujet dont je con-
naisse l'accroissement annuel, parce qu'à l'é-
gard de beaucoup d'autres j'ignore leur âge
positif, est celui du jardin précité de M. Périaux père. Il a été de quinze lignes en circonférence ou cinq en diamètre.

J'ai dit, il y a un moment, que l'accroissement des pins était beaucoup plus considérable
que celui du chêne. En effet, il n'est guère que
de deux lignes en diamètre dans ce roi des espèces feuillues, et on vient de voir qu'il est
souvent de plus de quatre dans les pins ; ce qui,
à cause du carré du diamètre, établit une différence énorme de un à quatre, de manière que
les pins produisent en matière quatre fois autant que les chênes.

Quel est l'accroissement annuel en hauteur ?

Dans les semis des bois, la croissance en hauteur est d'abord lente ; puis elle devient rapide ,

et ensuite elle se ralentit; elle cesse même lorsque l'accroissement en grosseur continue, ce qui forme une différence remarquable entre ces deux sortes d'accroissement.

Lorsque l'accroissement en hauteur se ralentit, lors même qu'il cesse tout-à-fait, la force végétative se porte sur la grosseur et sur la qualité du bois, comme le remarque notamment M. de Perthuis père, pages 41 et 169.

Ainsi la croissance en hauteur n'a pas lieu durant toute la vie végétative des arbres; tandis que la croissance en grosseur a lieu dans toute cette période, car lorsqu'ils cessent de grossir, et qu'ils restent stationnaires, ils sont arrivés à tout leur accroissement, ils ont acquis toute leur maturité, et ils ne tardent pas à perdre de leurs qualités.

Toutes ces choses sont communes aux bois feuillus et aux bois résineux.

Mais pour ne parler ici que des pins, et pour résoudre à leur égard la question que je traite, je dirai que leur accroissement sous ce point de vue a trop d'irrégularité pour être déterminé à un taux commun, comme il peut l'être sous le rapport de la grosseur. Dans les premières années, l'accroissement en hauteur des pins n'est que de quelques pouces; plus tard elle devient

subitement rapide, au point d'être annuellement
d'un, deux, trois pieds, et davantage; puis elle
se ralentit et cesse tout-à-fait lors même que
l'arbre continue de croître : alors la croissance
porte exclusivement ou à-peu-près sur la seule
grosseur du sujet.

Mais il est remarquable que l'accroissement
des pins en hauteur est beaucoup plus considérable que dans les chênes. Les plus beaux de
ceux-ci n'atteignent pas la hauteur des plus
beaux pins, et sur-tout ils ne l'atteignent pas
dans le même nombre d'années. Un pin laricio,
par exemple, aura acquis cent vingt pieds de
hauteur en cent ou cent vingt ans; mais un chêne
qui atteindrait cent pieds de haut, n'y parviendrait qu'à deux cents ans et plus.

Et quel est l'âge de maturité des pins, ou le
maximum de leur accroissement?

Ainsi que je l'ai déjà dit au CHAPITRE III,
l'époque de maturité des pins est différente
selon les espèces.

Et cette circonstance est importante à connaître, notamment pour les personnes qui s'a-
donneraient spécialement à la culture des pins
parce qu'autre chose est pour ces personnes

d'obtenir tous les avantages qu'elles s'en promet-
tent vers cinquante ans de leur entreprise, ou
de n'arriver à cette jouissance qu'à cent, cent
vingt ou cent cinquante ans.

Je ne dirai pas qu'il y a un âge absolu pour
la maturité de telle ou telle autre espèce de pin,
parce que dans toutes, la durée de leur végétation varie comme leurs dimensions, selon les
terrains, selon les climats, les expositions et
d'autres circonstances. En cela, les pins éprouvent les mêmes influences que les arbres feuillus; les mêmes circonstances produisent les
mêmes effets sur l'un et sur l'autre de ces deux
genres de bois, si différens qu'ils soient.

Mais toutes choses égales, on peut, ce me
semble, réputer le pin maritime mûr vers l'âge
de cinquante ans, même plus tôt, et quelquefois
plus tard.

Dans les pins sylvestres, il me paraît y avoir
des différences selon les variétés. Celui dit de
Genève, ou pin commun de France, peut arriver à maturité de quatre-vingts à cent ans. Il en
est de même du pin sylvestre d'Écosse; mais
pour celui d'Allemagne, appelé pin sauvage,
il paraîtrait d'après ce qu'en dit M. de Burgsdorf,
page 394 du tome Ier., que dans les terrains
avantageux, il ne parvient à tout son accroisse-

ment qu'à cent quarante ans, comme il en attribue cent vingt aux sapins, deux cents à deux cent cinquante aux deux espèces de chênes qu'il décrit. Quant au pin de Riga, je suis porté à le croire beaucoup plus hâtif que les autres sylvestres, parce qu'il donne des graines fertiles bien plus tôt qu'eux, et cela est digne d'attention, puisque ses dimensions sont plus fortes et que la qualité de son bois est supérieure à celle des autres espèces.

Pour les pins laricios, ce n'est que par conjecture que je crois leur âge de maturité arriver vers cent vingt ans.

J'en dis de même pour le pin du lord, en parlant de cent cinquante ans, comme étant le terme de tout son accroissement.

CHAPITRE X,

CONSACRÉ A EXAMINER QUEL EST LE MEILLEUR AMÉNAGEMENT ET LA MEILLEURE MANIÈRE D'EXPLOITER LES BOIS ET FORÊTS DE PINS.

Observations préliminaires.

Première. IL est remarquable que toutes les choses plus ou moins précieuses qui ont été écrites sur cette branche importante de la science forestière n'ont eu en vue que des bois et forêts de grande étendue, tels que ceux et celles de tout un pays, de tout un état, de tout un royaume; mais qu'on n'est pas descendu, dans l'application de ces excellentes choses, aux cas très-multipliés des bois privés de petite ou de moyenne étendue : en sorte qu'à cet égard, les particuliers se sont à-peu-près toujours trouvés dans le vague des idées trop élevées et trop hypothétiques pour en profiter.

Ce devrait donc être une bonne chose que

de puiser dans ce qui est enseigné pour les grandes masses de bois et forêts, des moyens qui instruisent clairement les particuliers, propriétaires de quelques centaines d'arpens de bois, de ce qu'il est de leur intérêt de faire pour les bien administrer.

Deuxième. Sur le meilleur aménagement et l'exploitation des bois, il y a une distinction mère à faire, selon qu'ils sont en taillis, ou qu'au contraire ils sont en futaies pleines.

Pour les taillis, le meilleur aménagement peut être fort compliqué, parce qu'il faut prendre en considération beaucoup de choses, et envisager celles-ci sous un grand nombre de points de vue.

Mais pour les bois futaies, les choses sont plus simples. A leur égard, il est clair que, dans l'intérêt du propriétaire, comme dans celui de la société qui consomme, il y a avantage à exploiter les arbres à l'époque où ils parviennent à tout leur accroissement.

Troisième. D'un autre côté, ne m'occupant ici que de pins exclusivement aux autres essences d'arbres; ne m'occupant par conséquent que d'un genre d'arbres qui, par la nature des choses, doivent nécessairement être aménagés en futaies; ne m'occupant d'ailleurs que de bois qui sont à créer, il en doit résulter que j'aurai moins à parler de ce qu'il convient de faire dans des bois et forêts de pins précédemment exploités d'après une méthode quelconque, ou même sans méthode, que je n'aurai à examiner ce qu'il faut faire pour des bois qui sont à établir.

Or, à cet égard, la manière d'aménager et d'exploiter les bois et forêts de pins est d'autant plus simple, que ces deux procédés sont spécialement prévus et enseignés dans un cas analogue, pour ne pas dire absolument semblable, dans les excellentes *Instructions* de M. Hartig, que M. Baudrillart nous a fait connaître, notamment à l'article *Exploitation*, de son *Dictionnaire forestier*.

Quatrième. Je ne parlerai pas de la manière de couper çà et là les arbres sans choix raisonné, comme sans règle ni principe, parce que c'est l'absence de toute méthode, et que cette manière ne peut se tolérer que dans les pays où le bois surabonde, où il en est excès et même à charge.

Je n'aurai donc à prendre en considération que ces quatre méthodes :

1°. La coupe en jardinant ;

2°. La coupe à blanc-étoc, appelée aussi coupe par contenance, coupe à tire et aire ;

3°. L'exploitation par bouquet, et celle par bandes alternatives ;

4°. Et la coupe par excellence; je veux dire la coupe par éclaircies, ou la méthode allemande.

Cinquième. Mais aux personnes qui appellent de tous leurs vœux les améliorations immenses dont la culture et l'administration des bois et forêts sont susceptibles, je citerai, comme devant y trouver des vues neuves et d'une grande importance, la proposition de M. Plinguet fils sur la création d'un corps d'ingénieurs employés à gouverner les forêts; les ouvrages inédits de M. Plinguet père; la proposition analogue de M. Bigot de Morogues, et l'ouvrage de M. Dugied sur les moyens de reboiser les montagnes : je cite les vues de ces personnes, à cause de leur analogie avec les moyens que j'indique de créer des bois, de les bien aménager, administrer et gouverner, et parce que M. Dugied s'est occupé exclusivement de la création des bois dans des localités particulièrement difficiles.

Coupe en jardinant.

Elle est généralement usitée en France dans les bois et forêts d'essences résineuses.

Elle a des partisans, et quoique fortement

combattue par les personnes qui apprécient les avantages de la méthode allemande, elle ne doit pas être dédaignée quand on considère qu'au témoignage de M. Dralet, et d'après ce que M. Noirot a eu l'obligeance de me communiquer de ce qu'il a été étudier dans une partie des sapinières du Jura, on obtient, par cette méthode, dans les forêts bien tenues, annuellement quatre et même cinq arbres par hectare.

Ce qu'on peut reprocher à cette manière d'aménager et d'exploiter les bois résineux, ce sont les dégâts qu'elle occasionne. C'est sur-tout de ne produire, du moins dans une notable partie, que des arbres plus ou moins dépérissans, par conséquent des arbres plus ou moins défectueux, puisque la base d'une sage exploitation, dans cette méthode, consiste, comme l'enseigne notamment M. Dralet, à couper les arbres dépérissans, avant de toucher aux sujets sains et d'un bon service : en sorte que le maître et la société consommatrice doivent perdre considérablement, la différence pour l'un et pour l'autre devant être souvent comme un est à trois entre un arbre défectueux et un arbre sain.

Au surplus, la coupe en jardinant ne peut être appliquée qu'aux anciens bois et forêts peuplés d'arbres de tous âges.

Mais elle ne pourrait pas être mise en pratique dans un bois qu'on aurait créé en une seule et unique espèce, parce que dans un tel bois tous les arbres, ou du moins ceux de chacun des massifs dont on l'aurait composé, seraient du même âge. Il ne pourrait pas y avoir lieu, à leur égard, à choisir les seuls vieux arbres, car tous le seraient.

Par conséquent, la coupe en jardinant n'est pas dans le cas d'être appliquée aux bois et forêts de pins qu'on créerait en une seule espèce.

Coupe à blanc-étoc, ou coupe par contenance, ou enfin coupe à tire et aire.

Rigoureusement parlant, la coupe à blanc-étoc s'entend du cas l'où on fait coupe tellement nette et absolue, qu'il ne reste aucun bois sur pied.

La dénomination de coupe à tire et aire appartient au cas où l'on réserve des baliveaux sur pied, de telle manière que l'exploitation ne laisse pas le sol absolument nu.

Et la dénomination de coupe par contenance s'applique à chacune des deux autres, parce que, dans toutes deux, l'exploitation a lieu en plein sur une surface de plus ou moins d'arpens;

ce qui est l'opposé de la coupe en jardinant, où l'on n'abat les arbres que çà et là.

Ainsi, à une nuance près, la coupe à blanc-étoc et la coupe à tire et aire ne constituent qu'un seul et même mode d'aménagement et d'exploitation.

Ce mode de coupe à blanc est à-peu-près universellement blâmé, et n'est guère usité ; mais il n'est tant blâmé que parce qu'on suppose l'absence absolue de toute espèce de soins lors de l'exploitation pour le repeuplement ; chose dont on s'occupe beaucoup dans la méthode allemande.

Mais je crois qu'on changerait d'opinion, si on considérait qu'en coupant à blanc-étoc, on accompagne l'exploitation des mêmes soins et des mêmes travaux que ceux qui ont lieu pour le repeuplement du bois, dans la méthode allemande.

Sans donc me prévaloir de ce que dans les sapinières du Jura visitées par M. Noirot, à l'automne 1824, le repeuplement se fait abondamment par le seul effet du semis naturel qui se montre à la suite de leur exploitation à blanc-étoc, j'observerai que pour bien apprécier une méthode comparativement à une autre, il faut admettre égalité de soins entre elles, et qu'il n'y a sujet de donner la préférence à l'une qu'autant qu'avec les mêmes soins, les mêmes attentions et les mêmes travaux, on n'obtiendrait pas les mêmes avantages dans l'autre; car si on admet ces soins dans l'un des deux modes, et leur absence dans l'autre, la balance est rompue, et il n'y a plus moyen de les apprécier comparativement l'un à l'autre.

S'agissant ici d'un bois qu'on crée, d'un bois dont tous les arbres sont du même âge et de la même espèce, ou le sont dans chacun des massifs dont on le composerait, ils ne peuvent pas être, comme je l'ai déjà observé, exploités par la voie du jardinage. Il est indispensable de les couper, ou à blanc-étoc, ou à la manière allemande, dont je parlerai tout-à-l'heure.

Si dans cette méthode allemande, on ne fait pas la coupe en une seule fois ou à blanc-étoc, c'est uniquement dans la vue d'opérer le plus possible, sans pourtant jamais y parvenir en totalité, un réensemencement naturel. C'est exclusivement pour ce motif, qu'on fait l'exploitation des pins sylvestres en deux fois, et des autres espèces résineuses en trois fois, à plusieurs années d'intervalle.

Cette précaution ne dispense que d'une partie des soins et des travaux qu'il y a à donner et à faire pour le repeuplement dans la coupe à blanc-étoc; car il y a toujours des endroits du sol où le repeuplement ne s'est pas opéré, et il y a particulièrement la place des arbres conservés, qu'il faut, lors de leur suppression, réensemencer industriellement.

On peut juger, d'après cela, que la méthode allemande n'a sur celle à blanc-étoc que l'avantage d'amoindrir les soins et les travaux qu'exige le repeuplement des bois exploités; mais on peut, à mon sens, soutenir que cet avantage est grandement balancé par le grave inconvénient de 1°. entamer six ou huit coupes qu'on exploite partiellement pour y obtenir en matière l'équivalent de ce qu'on aurait eu d'une seule coupe faite en plein. 2°. Revenir une et même deux fois sur un sol qu'on s'est attaché à meubler de jeunes plants, et par conséquent y causer nécessairement plus ou moins de dégâts.

Il est bien vrai qu'on attribue à la méthode allemande un autre avantage, c'est de procurer, par la conservation d'un grand nombre d'arbres sur pied, un abri aux jeunes plants contre les intempéries, et notamment contre la sécheresse, les ardeurs du soleil, etc.; mais si cet abri était une chose indispensable, il faudrait en déduire cette conséquence : qu'il y aurait une impossibilité absolue, ou au moins une grande difficulté à créer des bois de pins sur un so

nu. Or j'ai vu maintes fois cette création opé-
rée sur cette sorte de sol avec le plus grand
succès, notamment dans le Maine, où cela se fait
par milliers d'arpens, dans la forêt de Fontainebleau, dans celle de Rouvray, de Roumare. Je
l'ai d'ailleurs pratiquée personnellement pour
quelques centaines d'arpens dont le sol était
presque toujours rebelle, et à des expositions tout-
à-fait désavantageuses et desséchantes. M. Baudrillart lui-même l'a fait exécuter avec un succès ravissant à l'extrémité de la forêt des Alluets,
en 1812, 1813 et 1814, sur douze à quinze arpens forestiers, réunis aujourd'hui à la terre de
Bazemont, appartenante à M. de Chalandray.

Je conclus de tout cela que, dans les bois
de pins qu'on crée, la coupe à blanc-étoc, telle
que je l'entends, c'est-à-dire accompagnée des
soins et des travaux recommandés dans la méthode allemande, est une des bonnes manières
d'en faire l'exploitation, et qu'elle peut soutenir
la comparaison avec cette méthode allemande,
si même elle ne lui est pas préférable.

Si on m'objectait le surcroît de dépense de
préparation du sol, des graines et de leur ensemencement, parce qu'elle peut être plus considérable que dans la coupe à la manière allemande, je répondrais que ce surcroît ne peut pas

être assez considérable pour être pris en considération, parce qu'on a vu au Chapitre V, que
la dépense peut être de fort peu de chose lors
même qu'il s'agit de créer un bois. Or, ici on
n'aurait que des emplacemens, et non une surface à préparer dans sa totalité. On n'aurait que
des grattages ou au plus des hoyages à faire,
d'autant plus facilement que le sol aurait été
jusque-là couvert et à l'abri de la sécheresse
depuis cinquante ans et plus. On n'aurait à dépenser pour la graine que les frais de sa récolte,
et probablement que la plus grande partie de la
surface se trouverait réensemencée naturellement par la chute de l'immensité des graines
qui seraient sur les centaines d'arbres qu'on
aurait à abattre dans chaque arpent.

J'observe à ce sujet que, quel que soit le
mode d'exploitation qu'on adopte, l'arrachis des
arbres ou l'extraction de leurs souches et de
leurs plus grosses racines, est une bonne chose;
une chose nécessaire et utile au remuage ou à la
préparation du sol; une chose qui est fructueuse
au maître comme à la richesse des travaux; une
chose enfin qui s'exécute dans les pinières du
Maine, et qui est recommandée dans la méthode
allemande.

La coupe à tire et aire n'est guère applicable

aux bois résineux, et elle est généralement
blâmée à leur égard, parce que les sujets qu'on
réserverait, seraient presque toujours renversés
par les grands vents. Cela est plus particulièrement applicable aux sapins, dont les racines
sont à la surface du sol, et le serait probablement aussi, quoiqu'à un moindre degré, aux
pins sylvestres, même au pin maritime, qui est
si pivotant, parce que leur houpe, étant chargée
de feuilles toute l'année, elle donnerait une
grande prise au vent, à la différence des chênes
et hêtres, qui en sont dépouillés dans la saison
où on est le plus exposé aux ouragans.

Le pin laricio, du moins celui de Corse,
pourrait probablement être excepté, tant parce
que sa houpe est moindre de vingt pieds de
hauteur lors même que sa tige est de cent, que
parce que cette espèce a une souplesse compa-
rable, pour ainsi dire, aux roseaux. Aussi re-
marque-t-on et c'est, ce me semble, une chose
digne d'attention, que dans les forêts de ces
superbes pins en Corse on ne trouve jamais
d'arbres rompus par les vents, quoiqu'ils soient
ordinairement placés non - seulement dans les
vallées des hautes montagnes, mais sur des hauteurs où le roc est presque à nu.

Je serais enclin à attribuer le même avantage

au pin du lord, par ces différentes raisons ; qu'il n'a que du tiers au quart de toute sa hauteur en houpe ; que les rameaux qui la constituent sont courts et minces, et que les aiguilles ont une finesse qui leur ôte de leur poids : en sorte que d'une part sa houpe, qui n'a pas beaucoup de poids, ne donne guère de prise au vent, et que d'autre part la grande hauteur de sa tige, nette de branches, empêche que l'ébranlement qu'éprouvent les branches, s'étende à elle.

Coupe par massifs ou bouquets, et coupe par lignes alternatives.

Ces deux méthodes participent beaucoup de celle à blanc-étoc et de la méthode allemande, en ce qu'on fait coupe blanche et nette, et en ce que, d'autre part, les massifs ou bouquets conservés et les lignes laissées alternativement sur pied doivent aider au repeuplement naturel sans pourtant dispenser totalement des soins et travaux de l'homme, comme le remarque M. Hartig, parce qu'à mesure qu'on s'éloigne du bois conservé sur pied, le réensemencement naturel est moins abondant.

M. Baudrillart est partisan de la seconde de ces deux méthodes, et il rapporte à l'article *Ex·*

ploitation, de son *Dictionnaire forestier*, après en avoir décrit les avantages, qu'elle a été mise en pratique avec succès en Russie, au témoignage du grand-maître des forêts de cet empire.

Il est évident pour moi que l'une et l'autre de ces deux méthodes sont bonnes à adopter, parce que je suppose qu'elles seront toujours accompagnées des soins et des travaux nécessaires au réensemencement parfait des surfaces exploitées, cela étant la condition *sine quá non* de l'opinion que j'exprime.

Mais leur application ne serait peut-être pas une chose exempte d'inconvénient dans une forêt précédemment soumise à un autre mode d'exploitation, à cause qu'il se trouverait dans toutes les parties des arbres qu'il faudrait abattre sans pouvoir attendre le temps où la lisière serait en tour de coupe.

Et dans un bois qu'on créerait, cette application ne pourrait avoir lieu qu'autant que la création ne se serait faite que lentementt, de manière à ce qu'il s'y trouve des bois d'âges graduellement différens, ou qu'il s'agirait d'une petite étendue, telle que cent arpens, qui pourraient être exploités en totalité dans un petit nombre d'années.

Dans ces deux méthodes, qui, en France, ne

sont encore, je crois, que théoriques, on ne
peu trop recommander l'arrachis des arbres
exploités, comme je l'ai observé pour la coupe
à blanc-étoc.

Coupe par éclaircies, ou méthode allemande.

C'est la coupe par excellence, parce qu'elle est
toujours accompagnée des soins et des travaux
nécessaires au réensemencement de la superficie
du sol en exploitation.

Elle consiste à faire des éclaircies graduelles
et successives, et à diviser l'exploitation proprement dite en deux coupes éloignées l'une de
l'autre de quatre ou six ans pour les pins sylvestres et les mélèzes, et en trois coupes éloignées les unes des autres, de trois, quatre, cinq
ou six ans, pour les pins maritimes comme pour
les sapins : tandis que dans la coupe à blanc,
ainsi que dans celle à tire et aire ; dans celle
par lisières et par bouquets, l'exploitation se
fait toujours en une seule fois sur la même superficie.

L'objet de l'exploitation en deux ou trois fois
est, d'une part, d'obtenir un réensemencement
naturel, qu'on aide d'ailleurs toujours plus ou
moins selon son abondance, par un semis in-

dustriel, et, d'autre part, de procurer aux jeunes plants un abri contre les intempéries.

On a soin, dans cette méthode, d'arracher et de déraciner les arbres exploités, chose qui, je le répète, est toujours avantageuse pour le repeuplement du sol.

Comparaison de ces différentes méthodes entre elles.

La coupe en jardinant, n'étant pas applicable au cas où on crée des bois et forêts de pins d'une seule espèce, parce qu'ils ne sont pas, comme les anciens bois jardinés, meublés d'arbres de tous les âges, je n'en reparlerai que pour rappeler que, faite avec soin et intelligence, elle ne paraît pas avoir autant de désavantages qu'on pourrait le croire en théorie; mais qu'elle est de toutes les méthodes celle qui me paraît la moins susceptible de procurer les avantages résultant des soins et de l'intelligence qu'on apporte dans les travaux.

La coupe à blanc-étoc est parfaitement applicable au cas de la création d'un bois nouveau, et je la crois même préférable à l'excellente méthode allemande, du moment qu'on l'accompagnera des mêmes soins et des mêmes travaux qui ont lieu dans celle-ci.

La coupe à tire et aire ne diffère que par une nuance de la coupe à blanc-étoc; mais cette légère différence la rend moins applicable aux bois résineux, parce que leurs arbres épars sont plus exposés que ceux des bois feuillus à être déracinés par les ouragans. D'ailleurs, pour les arbres résineux, même pour le laricio et le pin du lord, qui paraissent pouvoir résister aux grands vents, ce ne devrait pas être une bonne chose que de leur appliquer la coupe à tire et aire, parce qu'on ne pourrait pas, comme on le fait dans les futaies de chênes et de hêtres, conserver les sujets réservés jusqu'à la maturité des nouveaux plants, sans perte de leur valeur pour le maître et pour la consommation, à cause de leur vétusté, ou, si on voulait les extraire après quelques années de la coupe, on causerait nécessairement beaucoup de dommages aux jeunes plants. D'où je conclus que la coupe à tire et aire convient moins que toute autre aux bois et forêts d'essences résineuses.

La coupe par bouquets est une coupe à blanc-étoc sur la superficie où elle s'exécute. Son application ne pourrait avoir lieu dans les bois résineux qu'autant qu'ils seraient d'une assez faible étendue pour être coupés en totalité dans peu d'années, ou qu'étant fort étendus, leur création aurait été successive. Il faudrait au surplus que chaque bouquet aboutît à un ou à plusieurs chemins de débardage, afin qu'on ne fût pas forcé, lors de leur exploitation, de fréquenter les parties voisines qui ne seraient pas coupées.

La coupe par lisières alternatives est également une coupe à blanc-étoc sur la superficie de ces lisières. Il faudrait également, pour l'exécuter dans un bois nouveau, qu'il fût d'une assez petite étendue pour être exploité en totalité dans une période de quelques années, ou qu'étant d'une grande étendue, il eût été créé assez successivement pour avoir des parties d'âges différens ; et dans tous les cas, il faudrait que des chemins de débardages traversassent ces lisières, ou se trouvassent à leurs deux extrémités, pour que leur exploitation pût avoir lieu sans fréquentation des lisières voisines.

Enfin, la coupe par éclaircies ou par la méthode allemande est parfaitement applicable au cas de la création d'un bois. Elle est, pour me servir de l'expression de M. Bonard, le sommet de l'art, dans l'état actuel de la science de l'aménagement et de l'exploitation des bois. Mais je reste persuadé qu'elle peut être égalée, surpassée même, par la coupe à blanc-étoc accompagnée des mêmes soins, de la même intelligence, et des mêmes travaux qui ont lieu dans cette méthode allemande.

Application de l'une de ces méthodes à une création de bois d'une étendue d'environ mille arpens d'ordonnance et au-dessous.

Je crois devoir envisager cette application, parce qu'un des meilleurs moyens d'apprécier une chose est de la considérer en état d'action.

Je ne parle, au maximum, que d'une étendue d'environ un millier d'arpens d'ordonnance, équivalant à cinq cents hectares, parce que la science de la division du travail matériel nous a appris, dans le siècle dernier, qu'on fait d'autant plus et d'autant mieux, qu'on dissémine ses facultés intellectuelles sur moins d'objets. Or, d'après ce que souvent j'ai entendu dire à des observateurs, ce que j'ai lu sur cette matière, et ce que j'ai observé à cet égard dans la culture arable, ainsi que dans la culture et les autres branches de l'administration des bois, je crois qu'une étendue d'environ mille arpens d'ordonnance serait tout ce qu'il conviendrait de confier à la gestion d'un homme voué et instruit dans cette administration des bois, pour qu'on en obtînt tout le profit possible sous le double rapport du produit brut et du produit net.

Ce ne serait qu'un homme d'une capacité extraordinaire, qui pourrait décupler, par conséquent gérer dix mille arpens de bois avec les mêmes soins et les mêmes avantages proportionnés qu'un autre pourrait faire pour mille arpens; mais il faut réserver ces hommes rares pour être au sommet de la gestion d'une étendue considérable de bois, et l'organiser de manière à ce qu'il ait pour ses collaborateurs subordonnés autant de personnes qu'il aurait de milliers d'arpens à administrer.

C'est par ces motifs que je me place dans le cas de la création d'un ou de plusieurs bois de la contenance ensemble d'environ un millier d'arpens, pour arriver à apprécier ce qu'il conviendrait à leur propriétaire d'y faire exécuter.

Cette création, que je supposerai avoir eu lieu en pins de l'espèce maritime, n'aurait probablement pas été faite en une seule année. Il aurait convenu qu'elle s'opérât dans le long espace de cinquante ans, à raison d'environ vingt arpens par année, pour avoir cette étendue à exploiter chaque année; mais dans l'état actuel de la science forestière où on est à-peu-près dépourvu des moyens d'opérer sagement, économiquement et graduellement, la création d'un bois d'une grande étendue, il faut que le propriétaire qui en aurait l'idée la réalise dans l'espace de dix à vingt ans, de manière que, dans l'exemple que je propose, la coupe de la totalité du millier d'arpens pourrait avoir lieu dans l'espace d'environ quinze années.

A ce dernier nombre d'années, on pourrait se trouver avoir créé environ soixante-six arpens par an, et par cette raison avoir, vers huit ans du commencement de la création, un premier éclaircissement et un premier élagage à faire exécuter dans ces soixante-six arpens, deux sortes de travaux qu'il faudrait probablement y répéter dès l'année suivante; et après, de trois ans en trois ans ou quatre au plus, jusqu'à environ vingt-cinq ans que les sujets, étant espacés à huit pieds les uns des autres, seraient laissés en cet état jusqu'à leur maturité, que je suppose arriver à cinquante ans, sauf qu'il faudrait continuer à les tenir dans un état de propreté, reconnu nécessaire pour prévenir la naissance des insectes destructeurs qui pullulent dans les bois résineux trop négligés.

Vers cinquante ans donc, on aurait une jouissance définitive, par la coupe à blanc-étoc, de ces soixante-six arpens.

Les mêmes travaux d'éclaircissement et d'élagage se faisant dans les autres parties aux mêmes époques, il en résulte qu'à la neuvième année du semis originaire, puis à la dixième année, et successivement, les travaux et les produits iraient croissant, et réclameraient passablement de soins pour être exécutés avec tous les avantages désirables dans l'intérêt du maître et de la société consommatrice.

Ainsi, à la cinquante-unième année, et successivement jusqu'à la soixante-quatrième inclusivement on aurait à faire une coupe définitive d'une étendue d'environ soixante-six arpens forestiers.

Et à partir de la première de ces quinze coupes que je suppose faites à blanc-étoc, on aura à s'occuper de seconder le repeuplement naturel, qui s'opérera par le seul effet de l'abattis des pins, en faisant tous les hoyages et tous les semis industriels qu'on jugera nécessaires au réensemencement complet de toute la superficie exploitée.

D'un autre côté, à partir aussi d'environ la huitième année d'après l'exploitation, on aura à faire exécuter dans chaque coupe les éclaircissemens,

élagages et nettoyages dont j'ai parlé, comme
on aura fait dans la première période.

On sent, d'après cet exposé, que ni les produits ni les travaux ne manqueront, et que
tout le temps et toutes les facultés intellectuelles
d'un gérant tout particulièrement intelligent et
laborieux seront nécessaires pour utiliser les
produits, pour faire exécuter à temps les travaux, et pour que leur dépense ne soit que ce
qu'elle devra être.

On pourra être frappé de l'inconvénient qu'offre cet exemple d'une jouissance définitive dans
un espace de quinze années, au lieu d'être répartie dans cinquante ans; ce qui exclut la possibilité d'une jouissance ou d'un revenu annuel.

Mais dans le cas dont je parle, c'est-à-dire
dans le cas de la création d'un bois d'une étendue d'environ mille arpens, on ne pourrait éviter un inconvénient sans tomber dans un autre,
parce que, dans l'état actuel de la science forestière, il est évident qu'une telle création ne
pourrait avoir lieu que par la volonté d'un seul
homme, et qu'elle serait bien aventurée s'il en
laissait une portion à faire à ses successeurs. Or,
comme on ne s'occupe guère de tels travaux qu'à
un certain âge, à une époque avancée dans la
traversée de la vie, il faut nécessairement exé-

cuter l'entreprise en peu d'années, ou elle ne sera qu'incomplète.

D'ailleurs, il arrivera dans ce cas ce qui arrive lorsque, dans ses propriétés actuelles, on a des coupes extraordinaires de bois à faire. Ou on les capitalise pour s'en faire un revenu, ou elles servent à acquitter des dettes, à faire des constructions, des établissemens, doter des enfans, etc. Or, ici où on aurait bien des millions de pieds cubes en bois, par conséquent des millions en argent dans un espace de quinze années, on se trouverait avoir tout-à-la-fois de quoi capitaliser, acquitter des dettes, faire des constructions, des établissemens, et doter ses enfans.

Si au lieu d'un millier d'arpens, la création ne s'étendait qu'à cent arpens, il serait toujours prudent de la hâter sans la répartir en cinquante années, pour se faire, à soi et aux siens, une coupe annuelle de deux arpens de futaie, parce qu'une entreprise qui exigerait cinquante ans pour compléter son exécution ne se réaliserait probablement pas dans sa totalité.

Dans une telle création, un propriétaire aurait encore assez de travaux durant et après la création, pour trouver à remplir plus que ses momens de loisir, et il aurait, pour lui et pour ses affections, assez de jouissances morales, ainsi qu'assez de profits pécuniaires, pour avoir sujet de s'applaudir de son entreprise.

La coupe à blanc-étoc pourrait être également adoptée dans le cas de cette création, parce que je suppose qu'elle serait accompágnée des soins et des travaux nécessaires pour compléter le re-peuplement de la superficie de chaque coupe, de façon à en perpétuer indéfiniment les pro-duits, si considérables qu'ils soient.

Application à une création de plusieurs milliers d'arpens.

Il est d'expérience qu'une grande étendue de bois ne rapporte pas proportionnellement autant qu'une médiocre étendue, ni à son propriétaire, ni à la société qui consomme, ni même à la classe ouvrière.

La raison en est dans ce vieil adage : Qui trop embrasse, mal étreint.

Aussi M. Dralet, qui a été autant que per-sonne à portée de juger la chose, nous apprend-il, page 151 de son *Traité des foréts d'arbres rési-neux*, que les bois des particuliers bien soigneux leur produisent annuellement quatre et même cinq arbres par hectare ; tandis que dans les bois de l'Etat on coupe à peine un arbre dans une

pareille contenance, de manière que d'un propriétaire soigneux à un grand propriétaire qui
a trop à administrer pour le faire aussi bien,
la différence est comme quatre et même cinq
sous à un, différence énorme et à laquelle l'homme d'Etat donnera une bien plus grande étendue,
parce qu'au lieu de circonscrire la vue des choses
dans le seul produit net, il l'envisagera en outre
sous le rapport du produit brut, sous celui des
moyens de satisfaire aux besoins de la consommation, et sous l'important rapport de la richesse
des travaux.

Si on pouvait supposer qu'un grand propriétaire voulût et trouvât qu'il y aurait, pour lui
et les siens, des avantages à créer une grande
étendue de bois résineux, une étendue, par
exemple, de dix mille arpens d'ordonnance (1),

(1) Je fais cette supposition avec d'autant plus de confiance, qu'il m'en a été cité plusieurs exemples comme existant en Angleterre, et entre lesquels j'ai particulièrement
distingué celui de M. le duc d'Atholl, parce qu'il s'applique presque exclusivement aux essences résineuses, et qu'il
est attesté d'une manière circonstanciée dans un ouvrage
traduit en 1825 par ordre du Ministre de la marine. Son auteur, M. Knowles, secrétaire des inspecteurs de la marine
anglaise, y explique que cette création de bois de M. le duc
d'Atholl s'étend à presque onze mille acres écossaises, correspondant à autant d'arpens d'ordonnance, ou à cinq à six

en une ou plusieurs masses, ou voisines, ou au
contraire fort éloignées les unes des autres, je

---

mille hectares, et qu'elle a été exécutée principalement depuis 1783, par conséquent de nos jours.

Cette création est particulièrement remarquable sous deux rapports : 1°. elle a commencé, et c'est en elle qu'a pris naissance en Angleterre la culture des mélèzes, qui, jusque-là, y avaient été étrangers, et où aujourd'hui ces arbres précieux sont devenus si multipliés, que probablement l'Angleterre ne tardera pas à y trouver de quoi fournir à une partie notable des besoins de sa marine royale et de sa marine marchande; 2°. depuis 1809, on a commencé à faire usage, dans la marine royale, du bois des mélèzes d'Atholl. En 1820, on y a lancé à la mer un bâtiment de guerre de vingt-huit canons, construit presque complétement en mélèzes. Depuis, M. le duc d'Atholl en a fait construire en totalité un bâtiment de commerce de cent soixante-dix tonneaux.

En France, nous ne sommes pas non plus dépourvus d'exemples qui puissent figurer à la suite de ceux qu'offre l'Angleterre;

Après ceux du gouvernement, et ce que, par ses ordres, M. Brémontier avait commencé dans les landes de Bordeaux, deux plantations, dont l'étendue est de vingt mille arpens;

Après ceux aussi que M. d'André avait commencés pour le Roi dans le parc royal de Boulogne, et que sa mort inopinée a interrompus;

Après ceux exécutés par les ordres du roi Louis XVI, et repris sur une plus grande échelle par M. de Larminat, conservateur de la belle et grande forêt de Fontainebleau;

Après aussi les créations que M. de Violaine fait exécuter

penserais qu'après être parvenu à une si notable création, il faudrait que pour en retirer à perpétuité tous les produits dont cette étendue de dix mille arpens serait susceptible, par conséquent tous les produits que proportionnellement

en essences résineuses, et par la voie du semis, dans les forêts de M. le duc d'Orléans;

Après, dis-je, ces diverses créations de bois résineux, on peut encore citer, dans les landes de Bordeaux, celles de M. le comte de Dijon, de M. de Sauvage, et beaucoup d'autres;

Près de Limoges, la création de M. Juge de Saint-Martin, auteur du *Traité de la culture du chêne;*

Dans le Maine, les grandes créations de bois de pins de M. Bérard, MM. Ory, M. Thoré, M. le marquis de Broc, M. de Musset de Cogners, M. de Menjot d'Elbenne, et de beaucoup d'autres personnes;

Aux environs d'Orléans, celles de M. Mallet de Chilly, de M. Bobée, de M. de Masséna, de M. le comte de Tristan, de M. Delaage, et d'un grand nombre d'autres personnes;

En Bretagne, celles de M. de Lorgeril, maire de la ville de Rennes; de M. Trochu, de M. de la Vergne, et de beaucoup d'autres personnes;

En Normandie, les grands semis exécutés par les soins de l'Administration en Rouvray, Roumare et en Verte-Forêt;

Aux environs de Paris, celles de M. de Chalandray, à Bazemont, près de Mantes et Meulan; de M. Charlet, à Bruyères-le-Châtel, près d'Arpajon; celles en bois feuillus, de M. Andrieu de Cheptainville, dans la même contrée, etc., etc.

un propriétaire soigneux retirerait d'un millier d'arpens ; il faudrait, dis-je, que ce grand propriétaire organisât l'administration de ses bois de telle manière, qu'il eût autant de gérans d'une capacité assez rare dans l'état actuel de la science forestière en France, qu'il aurait de milliers d'arpens, et qu'à leur tête il eût un homme d'une plus grande capacité pour le représenter, s'il n'était pas dans le cas ou dans la disposition d'être lui-même le chef de dix gérans indépendans les uns des autres.

Faute de prendre ce parti ou d'en prendre un qui lui soit équivalent, un tel propriétaire ne retirerait pas, à beaucoup près, d'une aussi grande masse de bois résineux tout ce que proportionnellement peut retirer le propriétaire intelligent et industrieux d'un seul millier d'arpens.

Mais en adoptant un tel parti, ce propriétaire de dix mille arpens de bois obtiendrait nécessairement tous les avantages proportionnels du propriétaire d'un seul millier d'arpens. Il joindrait à l'avantage d'un produit net fort élevé la satisfaction d'être d'une grande utilité pour les besoins de la consommation, à cause d'une plus grande quantité de produits bruts, et d'être le producteur de toute la richesse des travaux que sa création occasionnerait, travaux où on distin-

guerait dix gérans d'une capacité peu commune
aujourd'hui ; probablement vingt gardes ; un ad-
ministrateur-chef et un géomètre, toutes choses
qui, avec les frais de restaurations, repeuplemens, réensemencemens et autres travaux inhérens tant à la méthode d'exploitation à blanc-
étoc telle que je l'entends, qu'à la méthode par
éclaircies ou méthode allemande, seraient évidemment couverts par le dixième du produit
net ; tandis qu'en dépensant moins, parce qu'on
s'effraierait de l'étendue de la dépense sans
considérer en même temps l'énormité du produit
net, on n'aurait probablement pas trois cent
mille francs là où, avec des soins et plus de dépense, on éleverait ce produit annuel et net à
plus d'un million.

Certainement la méthode, soit allemande, soit
à blanc-étoc telle que je l'explique, exige beaucoup de soins et donne lieu à beaucoup de travaux ; mais les produits y sont proportionnés ;
et sur-tout il est évident que l'une comme l'autre
de ces méthodes sont susceptibles d'être appliquées à une grande création de bois résineux,
fût-elle de dix mille arpens et même davantage ;
que cette application n'est pas aujourd'hui au-
dessus des forces d'un homme, parce qu'il asso-
cierait à son administration le nombre nécessaire

de collaborateurs doués de l'amour du travail, du goût et de l'aptitude pour la gestion des bois et forêts.

En créant une grande étendue de bois de pins, telle qu'un millier d'arpens et davantage, il est à croire qu'on trouvera nécessaire, utile et même indispensable d'avoir toutes les espèces de pins à grandes dimensions, tant parce qu'il y aurait dans une telle production à prévoir les besoins divers de toutes les classes de consommateurs, que parce que dans une grande étendue de terrain il y a des sols, des expositions et des climats assez diversifiés pour convenir à chacune des espèces de pins.

Ce n'est que le créateur d'une petite étendue qui peut, qui doit peut-être même s'attacher à n'avoir qu'une seule espèce de pin, et qui doit donner la préférence au maritime, si son terrain et les autres circonstances s'y prêtent, parce que ce pin est de toutes les espèces celui qui est le plus hâtif, celui par conséquent qui donne des jouissances plus rapprochées à l'homme qui a le légitime désir d'en procurer à ses affections.

Mais pour une création de grande étendue, il convient de joindre à cette espèce hâtive de pin, celles sylvestres des différentes variétés, les pins laricios et le superbe pin du lord.

Application aux bois et forêts de l'Etat en essences résineuses.

Je ne me permets de parler ici des bois et forêts de l'Etat que pour faire mieux ressortir les avantages attachés aux soins qu'on donnerait à la culture ainsi qu'à l'administration des bois, si on y consacrait la même intelligence et les mêmes attentions que dans la culture arable.

Or, si on ne révoque pas en doute le témoignage que j'ai rapporté de M. Dralet, et il est trop vraisemblable, trop concordant avec la nature des choses, pour être contesté, il est certain que les bois et forêts de l'Etat en essences résineuses ne produisent en matière que le quart de ce qu'on obtient de pareils bois appartenant à des particuliers soigneux.

Cet état de choses, extrêmement frappant, durera probablement aussi long – temps qu'on n'adoptera pas pour les bois et forêts de l'Etat, soit la méthode allemande, soit la méthode d'exploitation à blanc-étoc, telle que je la définis ; aussi long-temps par conséquent qu'on ne modifiera pas le système suranné de gestion et d'administration de ces bois, en multipliant suffisamment les agens, et en n'admettant dans leurs rangs que des personnes d'une capacité, d'une instruction et d'une aptitude bien prononcées pour la gestion et l'administration florissante des bois et forêts qui seraient confiés à leurs soins.

Au surplus, il n'y a pas toujours sujet de s'affliger, dans l'intérêt du pays, de cet état actuel des choses ; car si l'Administration publique administrait ses bois et forêts comme il arrive à un petit nombre de propriétaires soigneux, il y aurait excès et surabondance de productions.

Il serait seulement à désirer que cette heureuse innovation eût lieu dans les contrées où la disette de bois est dans le cas d'être prévue, ainsi que dans les contrées où malheureusement elle existe déjà.

Cas de mélange de pins d'espèces différentes.

En parlant de l'excellente méthode allemande et aussi de la méthode d'exploiter à blanc-étoc, accompagnée des soins et travaux inhérens à celle allemande, j'ai nécessairement supposé que toute une superficie quelconque de pins n'était garnie que d'une seule et même espèce, parce que la coupe à blanc ayant lieu dans l'une et dans l'autre méthode, avec la seule différence que dans l'une elle a lieu en une seule fois, et que dans l'autre c'est en deux ou trois fois, à quelques années de distance, il est évident que ni l'une ni l'autre de ces deux méthodes ne pourrait pas être appliquée à des massifs de pins composés d'arbes qui, semés à la même époque, ne seraient néanmoins mûrs, les uns qu'à cinquante ans, et d'autres seulement à quatre-vingts, cent, cent vingt et cent cinquante ans.

Dans le cas d'un tel mélange, la nature des choses exigerait, ce me semble, l'application de la méthode d'exploitation par jardinage, qui me paraît cependant être la moins avantageuse.

Aussi j'estime que, quand on veut créer des bois et forêts de pins d'espèces différentes les unes des autres, et on doit le vouloir dans son propre intérêt comme dans celui de la société, toutes les fois que le terrain, le site, l'exposition ou le climat en font une nécessité ; toutes les fois sur-tout qu'on crée une grande étendue de bois, j'estime, dis-je, qu'on doit alors s'abstenir de mélanger les espèces sur la même superficie, et qu'on doit faire au contraire de chaque espèce des massifs ou des bois distincts et séparés les uns des autres.

J'ai bien, dans ma culture personnelle, fait souvent le mélange du pin maritime et du pin sylvestre d'Ecosse ; mais mon motif déterminant a été d'arriver à apprendre ce qui prospérait le mieux dans mon terrain aride et siliceux, et d'en offrir un exemple dont autrui pourrait faire son profit autant que moi-même, ou plutôt que mes successeurs.

Résultat.

D'après tout ce que je viens d'exposer, je crois pouvoir en conclure :

Premièrement, que la coupe en jardinant est la moins avantageuse, qu'elle n'est pas d'ailleurs applicable aux bois résineux qu'on crée, autrement que dans ceux qui seraient mélangés d'espèces différentes les unes des autres par leur âge de maturité ;

Secondement, que la coupe par contenance, mais à tire et aire, ne serait guère dans le cas d'être appliquée aux bois et forêts de pins, autres que ceux laricios et du lord ;

Troisièmement, que la coupe par contenance, mais à blanc-étoc absolu, est une bonne méthode qui convient tout particulièrement aux bois de pins qu'on crée en une seule espèce, si son exercice est accompagné des soins, de l'intelligence et des travaux inhérens à la méthode allemande ;

Quatrièmement, que cette méthode allemande, qui est encore à-peu-près étrangère aux bois et et forêts de France, doit être excellente, et qu'elle est, comme la précédente, tout particulièrement applicable aux bois qu'on créerait en pins d'une seule et unique espèce;

Cinquièmement, que l'exploitation par massifs ou bouquets, ainsi que l'exploitation par lignes alternatives, participent beaucoup de la coupe à blanc-étoc telle que je l'entends, et de la méthode allemande ; que par conséquent elles ne peuvent être que de bonnes méthodes si on se trouve dans le cas de leur application, et si on les accompagne des soins recommandés dans l'exercice de la méthode allemande ;

Sixièmement, qu'enfin ces différentes méthodes, mais plus particulièrement celle allemande et celle à blanc-étoc, comme je l'explique, peuvent être appliquées à des semis nouveaux d'une grande étendue, aussi bien qu'à de moindres semis, et que le seul inconvénient attaché à l'intelligence de leur exercice consiste à procurer une trop grande abondance de produits.

CHAPITRE XI,

CONCERNANT L'ÉPOQUE DE LA COUPE DES BOIS ET FORÊTS DE PINS, SON INFLUENCE SUR LA QUALITÉ DU BOIS, ET LA NÉCESSITÉ DE LE DÉBITER PROMPTEMENT.

J'AI appris, il y a sept à huit ans, dans le Maine, où alors on ne le savait communément que depuis un petit nombre d'années, que le bois des pins est tout bon, ou qu'au contraire il est tout mauvais, selon qu'on l'a abattu hors sève et dans le croissant de la lune, ou qu'au contraire on l'a exploité en sève et en décours.

Ce point me paraît si important, et susceptible d'une si grande influence sur les avantages qu'on peut se promettre de la culture des pins, que je crois devoir appeler sur cela l'attention des personnes disposées à s'occuper de la création des bois et forêts d'essences résineuses, et considérer la chose sous ses différens rapports.

15

Influence que les circonstances de sève, ou au contraire de hors sève, exercent sur la qualité des bois qu'on exploite.

Je citerai en premier lieu l'opinion émise sur ce point par Bernard Palissy, livre Ier. *De l'agriculture*, pages 518 et 519 : « Si les bois, dit-il, sont coupés par un vent humide, comme ceux du sud et de l'ouest, ils se trouvent enflés et pénétrés d'une humidité ou plutôt d'une humeur susceptible de s'échauffer et d'engendrer des vermines qui gâteront le bois ; en sorte que la charpente d'un bois ainsi coupé sera de peu de durée ; mais s'il était coupé par un temps froid et par un vent du nord, les pores du bois étant alors resserrés, il sera plus fort : de manière qu'il faut couper les bois en hiver et lors d'un froid sec. »

M. Bosc, à l'article *Vermoulure* du *Nouveau Dictionnaire* de Rozier, publié par Déterville, page 429 du tome XIII de la première édition, dit que l'expérience a prouvé que plus les bois sont durs et moins ils sont attaqués par les larves des insectes ; qu'il est également prouvé que plus les arbres ont de sève au moment de leur coupe, et plus ils sont recherchés par les insectes. Il ajoute qu'une des conséquences à déduire de ces fait, est qu'on ne doit couper les arbres destinés à un service durable, que lorsque leur sève est dans la plus grande stagnation possible, c'est-à-dire au milieu de l'hiver.

Et à l'article *Pin* du même *Dictionnaire*, page 87 du tome X, M. Bosc observe que la méthode adoptée dans les Alpes de couper les pins et les sapins durant tout l'été, quoique commandée par la position de ces arbres dans des localités couvertes en hiver de plusieurs pieds de neige, est vicieuse en ce que les arbres sont en sève, et que par conséquent ils donnent des bois de qualité inférieure.

M. Noirot, page 105 de son *Traité de l'aménagement*, assure que l'opinion unanime des architectes et des charpentiers est que le bois de charpente coupé du mois de mai au mois de septembre se vermoule beaucoup plus promptement que le bois qui est coupé de septembre à mai.

M. Baudrillart, à l'article *Exploitation* de son *Dictionnaire forestier*, page 86 et suivantes du tome II, donne beaucoup de développement à ce point de science, et il rapporte un si grand nombre d'autorités et de si concluantes, qu'on ne peut guère révoquer en doute la nécessité de couper hors sève, notamment les bois de pins destinés à la charpente, à la menuiserie, etc.

Influence attribuée à la lune sur la qualité du bois qu'on exploite.

A cet égard, l'opinion est positivement partagée. En général, les savans nient cette influence; mais d'autres, et l'universalité des architectes, des entrepreneurs-constructeurs et des ouvriers-bûcherons, croient positivement à cette influence.

Pour les personnes qui voudraient se donner la satisfaction d'avoir des développemens sur ce point de la science forestière, elles les trouveraient à l'article précité du *Dictionnaire forestier*, page 95 et suivantes du tome II.

A mon égard, et en observant que je crois autant à cette influence de la lune sur les bois qu'à celle qu'elle exerce sur les marées, je ferai remarquer que sous ce point de vue il y a pourtant une différence du tout au tout entre certains arbres, en ce que, pour la presque totalité de ceux feuillus, leur exploitation est réputée devoir être faite dans le décours de la lune; tandis que pour le frêne, ce doit être au contraire dans le croissant de la lune. Je ne connais aucun auteur qui ait fait cette distinction ; mais elle m'a été confirmée unanimement par les charrons, les marchands de bois et les bûcherons.

Ce qui se passe dans le Maine pour la coupe et l'exploitation des bois de Pins.

Dans le pays du Maine, j'ai trouvé l'opinion unanimement professée par les propriétaires, les créateurs de bois, les consommateurs, les marchands de bois et les bûcherons, que le bois de leurs deux espèces de pins n'y était bon qu'autant que ces trois circonstances-ci concouraient: 1°. abattu en hiver; 2°. dans la croissance de la lune; et 3°. débité tout aussitôt. On m'a ajouté qu'il y avait un degré de plus dans la bonne qualité du bois lorsqu'il était abattu par un vent d'amont : cette circonstance est, dit-on, si avantageuse pour le bois de pin, qu'elle neutralise en grande partie les graves inconvéniens de la coupe en sève et en décours. Ainsi lorsqu'elle concourt avec la coupe hors sève et en croissant, le bois de pin a toute la bonne qualité dont il est susceptible: par la même raison si la température était chaude au moment de la coupe, ce serait une circonstance réputée désavantageuse pour la qualité du bois.

Voici comment on procède, dans cette contrée de la France, à l'exploitation d'un bois de pins lorsqu'on veut faire de la bonne besogne et avoir de la bonne marchandise : les bûcherons coupent, ou plutôt ils déracinent les arbres durant la croissance de la lune dans les seuls mois de février et de mars selon les uns, et de novembre à avril selon d'autres. Pendant le décours de la lune, les bûcherons s'occupent à déhoupper les arbres, à faire des bourrées, scier les tiges dans les longueurs qu'on les veut, former leurs chantiers de bois de chauffage, et fendre les culées ; en même temps, les scieurs de long et les charpentiers débitent les pièces ainsi coupées et préparées par les bûcherons.

Promptitude dans le débitage des Pins abattus.

La nécessité de débiter sur-le-champ le bois des pins pour lui conserver toute la qualité dont il est doué par la nature, est universellement reconnue dans le Maine, et elle est assez recommandée par tous les auteurs qui se sont expliqués à cet égard, pour croire que c'est une bonne chose.

Ce point de science, qui est également applicable aux bois feuillus, quoiqu'à un moindre degré qu'aux bois résineux, paraît néanmoins souffrir une exception; car j'ai entendu dire aux carrossiers et aux charrons qu'à l'égard de l'orme et du frêne, il fallait se bien garder de les faire débiter et même de les faire écorcer aussitôt leur coupe. Cela aurait, selon eux, l'inconvénient de faire évaporer la sève trop rapidement, et de faire fendiller les corps d'arbres. Ils assurent se bien trouver de les conserver en grume depuis l'automne ou l'hiver de leur exploitation jusqu'au printemps, époque où ils les font écorcer et débiter simultanément.

Dans le Maine, on m'a témoigné uniformément l'opinion qu'il fallait débiter les bois de pins tout aussitôt leur coupe, en m'assurant que s'ils étaient laissés gissant sur le sol, ils s'y pourriraient et s'y décomposeraient avec une grande rapidité; que cet effet serait encore plus prompt si on avait coupé en sève et en décours.

Exemple d'une exploitation assez notable, faite en bois de pins sans l'observation de ces règles.

Les cent soixante arpents forestiers de pins maritimes, cités d'une manière si développée par M. Duhamel, page 510 et suivantes, et semés dans la forêt de Rouvray aux portes de Rouen en 1756, 1757 et 1759, ont été vendus, et ensuite coupés à blanc-étoc par feu M. Lebon, dans les années 1803, 1804 et 1805.

Le bois de ces arbres, âgés alors de 40 à 50 ans, devint si défectueux et dépérit si rapidement que, malgré le prix très-élevé du bois à Rouen et aux environs à cette époque, M. Lebon n'obtenait aucune offre de ses pins, et on lui témoignait qu'il ne valait pas même son charroi à la ville.

J'ai mis beaucoup de prix à obtenir des renseignemens sur ces circonstances, et feu M. l'inpecteur Ricard sous les yeux duquel les choses s'étaient passées, s'est obligeamment plu à m'en donner de vive voix et par écrit.

Or, dans son usance, M. Lebon n'avait observé ni les circonstances de la sève, ni les phases de la lune, ni la promptitude du débitage de sa marchandise; plus de la moitié des pins ont été abattus dans l'été qui fut si chaud en 1803 et en 1804, et ils restèrent des mois entiers sur le sol sans être débités.

Ces renseignemens ont expliqué à mes yeux les causes du désastre éprouvé par M. Lebon, et je suis persuadé qu'il ne lui serait pas arrivé

s'il avait pris en considération ces trois circonstances du <u>hors sève</u>, du croissant de la lune et
du prompt débitage.

Mais lors même qu'on révoquerait en doute
les causes auxquelles j'attribue ce désastre, il
ne m'en paraît pas moins utile d'en prévenir,
pour qu'on puisse éviter des pertes ou des avaries dans la qualité du bois des pins, et pour
qu'on n'attribue pas à cette espèce de bois une
infériorité qui, d'après ce qu'on a expérimenté
dans le Maine, ne serait probablement que l'effet du défaut d'observation de règles qui paraissent être pour les pins beaucoup plus positives qu'elles ne le sont pour les bois feuillus.

CHAPITRE XII,

CONSACRÉ A CE QUI A RAPPORT A L'ÉCORCEMENT DES BOIS DE PINS, A L'EXTRACTION DE LA RÉSINE, A L'AGE OU ILS DONNENT DES GRAINES FERTILES, ET A DIVERS AUTRES OBJETS D'UN ORDRE SECONDAIRE, MAIS QU'IL EST UTILE DE CONNAÎTRE.

Ces divers objets sont assez nombreux ; je vais les discuter successivement et distinctement les uns des autres.

De l'Ecorcement sur pied et après la coupe.

Ce sont les arbres destinés à la mâture et aux autres emplois maritimes, à la menuiserie et à la charpente, qu'il serait peut-être utile d'écorcer sur pied.

Quant aux arbres destinés au chauffage, il faut distinguer : 1°. le pin maritime d'avec toutes les autres espèces à grandes dimensions ; et 2°. le feu clos d'avec le feu ouvert.

Il n'y a guère que le pin maritime qu'il soit nécessaire d'écorcer pour l'emploi au chauffage, et seulement pour le cas du feu ouvert ou de cheminée, à cause du pétillement de son écorce ; mais, d'une part, son écorcement s'opère à-peu-près naturellement, soit lors de son débitage, soit un ou deux ans après la coupe des arbres ; et d'autre part, il est inutile de le faire pour l'emploi au feu clos ou au feu des fourneaux d'usines, parce qu'en ce cas, le pétillement de l'écorce est indifférent.

Quant aux tiges destinées au service maritime, à la menuiserie et à la charpente, leur écorcement, s'il est véritablement utile , doit se faire sur pied, un , deux et trois ans avant leur coupe, pour qu'elles meurent debout.

Cette utilité, attestée par M. de Réaumur, M. de Buffon , M. Duhamel, M. Bosc, M. Malus, etc., est fortement contestée par les auteurs allemands , comme l'explique M. Baudrillart , notamment dans son *Dictionnaire forestier*, aux articles *Ecorçage*, *etc.*, et *Pourriture*.

L'effet de cet écorcement et de la mort sur pied est de transformer l'aubier en bois de cœur, et de lui procurer même plus de dureté. Selon les partisans de ce procédé, cet effet serait indéfini ; mais selon les personnes qui le contestent, l'effet ne serait que momentané.

J'ai essayé de ce même procédé sur du pin maritime et sur du chêne, ainsi que sur du hêtre; mais j'ai besoin du temps pour en apprécier définitivement les effets. J'ai pu seulement savoir qu'au débitage, le bois, et notamment l'aubier, est sensiblement plus dur que dans les tiges qui n'ont pas subi le procédé de l'écorcement et de la mort sur pied.

Au surplus, pour opérer l'écorcement et produire la mort sur pied à un, deux ou trois ans du moment où on le fait, il n'est pas indispensable d'écorcer la tige des arbres dans toute leur longueur. A l'exemple de M. Thoré, du Mans, je me suis borné à dépouiller mes tiges de leur écorce sur une simple hauteur d'environ dix-huit pouces à la portée de l'ouvrier, ou, ce qui serait mieux, ce me semble, au pied de l'arbre; ce qui ne devrait pas être plus pénible ni plus long.

Du reste, c'est nécessairement à l'entrée de la sève du printemps qu'il convient de faire ce travail, pour sa facilité. D'un autre côté, il m'a été recommandé, pour les pins, de le faire en croissant de lune et préférablement par une température sèche.

De l'Extraction de la résine ; de ses effets sur la qualité du bois , et de ses effets sur la végétation des arbres.

Dans le Maine, où on cultive le pin maritime et le pin sylvestre d'Ecosse, on n'en tire aucun parti pour l'extraction de la résine. On en a cependant fait l'essai ; mais on a eu peu de succès dans l'espèce maritime et aucun dans le pin d'Ecosse.

A Fontainebleau, M. de Larminat a fait extraire, ces années dernières, avec beaucoup de succès, une assez grande quantité de résine de plusieurs milliers de pins maritimes du rocher d'Avon.

Cette extraction est fort usitée dans les landes de Bordeaux, où se trouve en si grande quantité le pin maritime, et où les arbres qui subissent cette opération reçoivent le nom de *gemmés*.

D'après ce que je tiens des personnes du pays, la qualité du bois des pins *gemmés* est supérieure à celle des pins dont on n'a pas extrait de la résine ; et cette opinion est justifiée par les expériences de M. Malus sur le bois des pins, des sapins et des mélèzes dont on a extrait de la résine, comme le rapporte M. Bosc, pages 82 et 85 du tome X, et page 158 du tome XI ; c'est aussi l'opinion manifestée par M. le vicomte Lainé, qui est du pays, ainsi que le rapporte M. Bosc, en la seconde édition du *Nouveau Cours d'agriculture*, page 482 du tome XI ; selon les expériences de M. Malus, le bois des arbres *gemmés* serait aussi dur, aussi fort et plus léger que le bois des sujets qui ne le sont pas.

Cependant cela est fortement contesté par M. Loiseleur-Deslongchamps, qui a rédigé les articles *Pins* et autres arbres résineux du *Nouveau Duhamel*. Il admet bien le plus de légèreté ; mais il prétend qu'il y a diminution de dureté, de force et de durée.

De son côté, l'auteur de la brochure que j'ai précédemment citée sur la culture des mélèzes en Écosse, comme ayant été traduite par M. Michaux, en exprimant l'opinion que le bois du pin laricio d'Amérique est peut-être le meilleur de tous ceux dont on fait usage en Europe lorsqu'il est plein de résine quand on l'abat, ajoute qu'il en est le plus mauvais si on en a extrait de la résine sur pied, et qu'il est alors sujet à la pourriture sèche.

M. Bonard, qui, par ses fonctions, a des connaissances pratiques sur ce point de science des bois, a eu l'obligeance de m'expliquer que, dans son emploi au port de Toulon tant pour les mâts que pour les différentes parties du corps des vaisseaux, le bois des pins de Riga qui avait été soumis à l'extraction de la résine, était toujours soigneusement mis au rebut, parce que ce bois était reconnu trop sec et trop cassant ; que d'ailleurs l'existence de la résine dans les pièces de bois avait un avantage bien marqué et bien apprécié, celui de se mieux conserver et de se mieux défendre des alternatives de l'humidité et de la sécheresse; celui aussi de mieux conserver les jointures aux pièces d'assemblage, et de faire moins de retraite dans les sécheresses.

Toutefois, M. Bonard m'observait que, sous d'autres rapports, il manquait d'expérience ; qu'il trouvait, par exemple, possible que dans l'emploi en charpente et en menuiserie pour des ouvrages intérieurs, mais non extérieurs, le bois des pins *gemmés* fût préférable à celui qui aurait conservé sa résine.

Mais il importe de prendre en grande considération l'effet que l'extraction de la résine peut produire sur la végétation *ultérieure* des arbres, tant sous le rapport de leur grossissement, que sous celui de leur élévation. Sous ce point de vue, je manque de renseignemens ; je vois seulement, dans le *Dictionnaire* de l'abbé Rozier, de chez Buisson , page 381 du tome V, que les jeunes pins donnent de la résine comme les vieux, mais que cette effusion les avorte, et qu'ils vivent moins long-temps.

Age où les Pins donnent des graines fertiles.

Dans le Maine, on est communément d'opinion que les graines de pins, pour être parfaitement bonnes, doivent provenir d'arbres faits , tels que ceux de quarante ans dans l'espèce maritime , et de soixante ans dans l'espèce sylvestre.

Cette opinion est partagée par des auteurs ; mais , comme l'observe M. Duhamel, on ne peut pas toujours s'y conformer, sur - tout lorsqu'on procède à des semis de grande étendue. J'ajouterai que si véritablement les graines produites par les jeunes sujets ont moins de force végétative, ce désavantage est balancé par la certitude de leur bonté, lorsqu'on les a récoltés chez soi-même, car les graines du commerce étant assez souvent ou trop vieilles, ou bien ayant leur germe brûlé , il en peut résulter que les avantages de ces graines ne surpassent pas ceux des graines produites par de jeunes arbres.

Dans ma culture, j'ai eu soin de faire semer sur des points différens les graines récoltées sur mes jeunes pins maritimes de huit, neuf, dix ans et davantage, mais au-dessous de quinze ans, et la beauté de cette partie de mes semis est particulièrement remarquable.

Après cette observation de principe, j'examine en fait quel est l'âge où les pins commencent à donner des graines fertiles.

Or, comme je l'ai déjà observé au CHAPITRE III, il faut à cet égard distinguer les espèces.

Dans le maritime, c'est constamment à huit ans d'âge du semis.

Dans les espèces sylvestres, ce n'est bien certainement que de douze à quinze ans du semis ; mais il est assez apparent que la variété dite *de Riga* en donnerait dès l'âge de huit ans. Ce qu'il y a de certain, c'est qu'il existe au bois de Boulogne deux petits massifs de pins sylvestres le long de la route de *Madame*, près celle de Mortemart, qu'on conjecture être de l'espèce de Riga, et qui ont été, l'un semé au printemps 1817, et l'autre transplanté à la même époque en sujets d'un ou de deux ans ; que ces deux massifs montraient des cônes arrivant à maturité dès l'année 1822 ; qu'ils en ont eu assez abondamment en 1823 ; qu'à l'invitation de feu M. d'André, qui avait été frappé de cette circonstance, j'en récoltai, l'hiver 1823 à 1824, un certain nombre dont j'extrayai des graines que je semai très-rustiquement dans les clairières de mes bois normands, le 8 avril 1824; semis qui a très-bien prospéré et qui a bravé les trois sécheresses prolongées de l'été 1825, quoiqu'à l'exposition particulièrement désavantageuse pour cette espèce de pin, du sud et de l'ouest.

Pour le pin laricio, du moins la variété dite *de Corse*, il paraît, d'après l'expérience faite à Bruyères chez M. Charlet, que c'est vers dix-huit ans du semis originaire, que cette belle espèce donne des graines fertiles.

Et quant au superbe pin du lord, je crois pouvoir conclure de la récolte faite au bois de Boulogne, d'après les intentions de M. d'André, qu'il donne des graines fertiles à vingt ans et même auparavant.

Quantité de graines par pomme.

J'ai appris dans ma pratique qu'il pouvait être utile de savoir cette quantité. Par exemple, lorsqu'on me rend compte de la quantité de boisseaux normands, équivalant à quatre boisseaux parisiens, de pommes de pin maritime qui ont été récoltées sur mes sujets, je puis approximer la quantité de livres de graines que j'en obtiendrai , parce que j'ai vérifié qu'à terme moyen , le boisseau normand contenait trois cents de ces pommes ; et que , d'un autre côté , j'ai expérimenté maintes fois que chaque pomme de cette espèce de pin donnait , à terme moyen , cent trente-cinq à cent quarante graines.

Ainsi , pour le pin maritime, on peut dire que chaque pomme procure environ cent trente-cinq graines.

Dans les pins sylvestres , mes observations sont moins positives, et cependant je les ai assez multipliées ; mais j'ai éprouvé chaque fois de telles variations, que ce n'a été quelquefois que dix graines par pomme ; d'autres fois ça été quinze, vingt, vingt-cinq et davantage. Ce qui est certain , c'est qu'en sylvestre, chaque pomme produit beaucoup moins de graines qu'en pin maritime, et qu'elles ne sont pas toujours aussi bonnes ; mais ce qui rétablit la balance, c'est que les arbres des espèces sylvestres ont toujours une bien plus grande quantité de pommes que n'en ont les pins maritimes.

Pour les pins laricios , je tiens de M. Thouin, le professeur, qu'à terme moyen, c'est soixante graines qu'on obtient de chaque pomme , avec cette double observation que c'était dans les sujets de quarante ou cinquante ans , et qu'il y avait des variations en moins, selon les années. Je tiens aussi de M. Guy, possesseur des laricios d'Amérique, qu'il trouve dans les pommes de ses sujets, moyennement trente à quarante graines. Or, ces sujets ne paraissent pas avoir plus de trente ans de semis.

A l'égard du pin du lord, j'ai trouvé quarante-cinq à cinquante graines par pomme, même dans celles récoltées sur les jeunes sujets du bois de Boulogne.

Epoque de la récolte des pommes de Pins.

J'observe que, dans toutes les espèces de pins à grandes dimensions, dont je m'occupe, les pommes se forment à la fin du printemps ou au commencement de l'été d'une année, et qu'elles arrivent à maturité à la fin de l'année suivante.

Dans le Maine, on ne fait la cueillette des pommes du pin maritime qu'en février ou mars de l'année, d'après la maturité acquise. Si on attendait les premières chaleurs du printemps, les pommes s'ouvriraient et les graines s'en détacheraient. Il faut donc prévenir ce moment, pour éviter de les perdre.

En ne faisant cette cueillette qu'à cette époque de l'année, c'est trop tard pour utiliser les graines dès la même saison. Aussi, dans le Maine, on ne se livre au travail de leur extraction que dans l'été, en sorte que les plus fraîches que le commerce de cette contrée fournisse, comme les plus nouvelles, ont un an de récolte, puisqu'il ne les livre que l'hiver d'après.

J'ai vu généralement croire qu'il y avait de l'utilité à laisser les pommes de pins passer l'hiver sur les arbres, pour achever la parfaite maturité des graines. Cependant M. de Burgsdorf, qui parle du pin sylvestre, indique la fin d'octobre pour le moment de la récolte, et il blâme l'opinion de ceux qui veulent que les pommes restent l'hiver sur les arbres, ou qu'on at·ende au moins la mi-décembre pour les cueillir. De son côté, M. Hartig, parlant aussi du même pin, dit que c'est vers la fin d'octobre et dans le mois de novembre que la maturité a lieu : il indique l'intervalle de novembre au printemps pour la récolte.

Dans le Maine, c'est de janvier à février qu'on fait la cueillette des pommes de pin sylvestre, par conséquent un mois plus tôt que celle des pommes de pin maritime.

Quant au pin laricio, il m'a paru dans celui de Corse que la maturité arrivait encore plus tôt que dans les pins sylvestres, en sorte que dans le climat de Paris, il faut en récolter les pommes au plus tard en février, ou mieux en janvier, si ce n'est pas même auparavant.

Et à l'égard du pin du lord, il est remarquable que la cueillette de ses pommes doit se faire, dans le climat de Paris, dès la fin du mois d'août ou dans la première quinzaine de septembre, suivant les années, car ses pommes s'ouvrent très-promptement peu après cette époque, et laissent échapper alors leurs graines, comme les autres espèces ne le font seulement qu'au printemps.

J'ai su, dans la pratique, que la cueillette de toutes les pommes de pins était beaucoup plus facile à faire par un temps froid et sec, que par une température brumeuse ou humide. Dans ce dernier cas, les pommes se détachent difficilement des rameaux ; tandis que, dans le premier cas, elles cèdent au moindre effort qu'on fait pour les en détacher.

Du reste, un des meilleurs moyens de conserver les graines, et de prolonger leur vertu germinative, c'est de les laisser dans leurs pommes.

Manière de récolter les pommes de Pins.

Au pays du Maine, on en emploie plusieurs.

ll y a des personnes qui hochent ces pommes avec une gaule comme on le fait pour les pommes et poires à cidre, et pour les noix. D'autres fois on se sert d'un crochet adapté à la gaule, et on monte dans les arbres ; d'autres personnes, plus soigneuses, font faire cette cueillette à la main; mais si ce sont de jeunes sujets, on m'a observé qu'il fallait apporter dans la cueille beaucoup de soins et d'attentions pour ne point affaiblir, trouer, ou autrement endommager les branches, sur-tout celles qui font flèche; il ne faut, à l'égard de ces jeunes sujets, employer que le moyen des mains, et il est souvent sage de laisser les pommes adhérentes à la flèche.

Je me suis bien trouvé, dans ma culture, de faire usage pour cueillir les pommes de mes sujets maritimes de dix à quinze ans, d'un instrument fort simple. Il a la forme d'un V, ayant une douille à la base, dans laquelle on place à volonté un manche plus ou moins long, plus ou moins léger. On présente cet instrument vers la base des pommes, et à l'aide d'un léger mouvement de la main tendant à tordre, on détache ces pommes facilement, promptement et proprement, des rameaux et des tiges sans les endommager, pour peu qu'on y apporte de l'attention.

Je répète ici que la cuillette est d'autant plus facile, que le temps est froid et qu'il fait une belle gelée.

Manière d'extraire les graines.

M. Hartig, qui ne parle que du pin sylvestre, indique plusieurs procédés, pages 74, 76 à 79 de son *Instruction*. L'un d'eux consiste à former un échafaudage semblable aux montans et traverses d'une bibliothèque, pour y placer des claies, sur lesquelles on pose les pommes de pins, et il termine par observer qu'on doit se bien garder de mettre les pommes d'aucune espèce d'arbres résineux dans un four chaud, ou de les exposer à une trop grande chaleur, parce qu'on risquerait la perte de la totalité, ou au moins d'une partie des graines.

J'ai vu, au commencement de 1825, l'applicacation du procédé des claies posées sur des montans et traverses analogues à ceux et à celles des bibliothèques, et il m'a paru si bon, si simple et si expéditif, que ce serait celui que j'emploierais si j'avais encore besoin d'une certaine quantité de graines. C'est feu M. d'André qui l'avait fait exécuter à Saint-Hugues du bois de Boulogne; la chaleur était produite à l'aide d'un poêle, et elle était, par ses ordres, d'autant plus modérée, que la pièce qui est au rez-de-chaussée ayant moins d'élévation jusqu'à son plancher, cette chaleur faisait ouvrir rapidement les pommes placées sur les étages supérieurs, parce qu'elle s'y portait davantage.

On blâme avec raison, et M. Hartig le fait, l'extraction par le moyen de la chaleur du four ; car il paraît que ce moyen est employé avec tant d'indifférence par ceux qui approvisionnent de graines les commerçans de celles-ci, qu'il en résulte qu'elles sont plus ou moins avariées; mais je puis assurer d'après mon expérience qu'on peut l'employer avec avantage pour soi, du moment qu'on y apportera un peu de soin. J'ai fait usage de ce moyen pour celles de mes pommes de pin maritime qui n'avaient pas été ouvertes au soleil, soit parce que l'été n'avait pas été suffisamment et assez long-temps chaud, soit parce que certaines pommes y résistaient en tout ou en partie, car il y en a qui s'ouvrent très-difficilement. J'ai donc employé la chaleur modérée du four, c'est-à-dire que je faisais placer une certaine quantité de pommes seulement le soir du jour où, le matin, on avait cuit du pain, et le lendemain, au jour, on trouvait les pommes complétement ouvertes et leurs graines sorties; ou

s'il restait des pommes encore tant soit peu fer-
mées, elles s'ouvraient au moindre mouvement.

Pour mieux apprécier l'emploi de ce moyen
si dangereux dans son excès, j'ai fait durant
plusieurs années semer séparément les graines
obtenues à l'aide de ce procédé, et les sujets qui
en sont résultés sont tout aussi satisfaisans que
ceux provenus des graines que je m'étais procurées par le moyen de la chaleur du soleil.

Ordinairement, et autant que je l'ai pu, j'ai
fait exécuter l'extraction des graines de mes
pommes de pin maritime par la chaleur du soleil, en faisant étendre ces pommes sur de grandes toiles, à des endroits bien exposés à cette
chaleur.

Dans le Maine, c'est un des moyens qu'on
emploie. Un autre consiste à former une aire
en plein champ, c'est-à-dire qu'on approprie
bien le sol, et qu'on le bat pour l'affermir et
l'unir ; après quoi, on y place les pommes de
pins, d'où la chaleur du soleil fait sortir les
graines, parce qu'on a soin de former l'aire à
une exposition avantageuse pour obtenir cette
chaleur à un haut degré. On achève l'extraction
des graines, soit en battant les pommes l'une
contre l'autre à la main, soit en les secouant
dans des paniers à claire-voie.

Les graines extraites des pommes conservent ordinairement leurs ailes, qui y restent adhérentes. Il n'y aurait aucun inconvénient à les semer en cet état, mais alors elles sont plus facilement le jouet du vent; et dans le Maine, on est dans l'usage de ne les livrer au commerce que dépouillées entièrement de ces ailes. Le moyen qu'on y emploie consiste à placer les graines dans une cuve, et à les y remuer avec une pelle en soulevant ces graines avec cet instrument, dont on se sert alors comme d'un levier. Un autre moyen qu'on préfère, et que j'ai employé, consiste à placer les graines en tas sur une aire à battre le blé, et là, de battre la graine avec un fléau léger ou un bâton flexible, en ayant soin de la tenir amoncelée.

Enfin, pour la nettoyer, on la vanne, et au besoin on la crible comme on fait pour le blé.

Les rats et les souris sont extrêmement friands des graines de pins. Pour les mettre à l'abri de leurs dégâts, un des meilleurs moyens est de conserver ces graines dans des tonneaux fermés d'un couvercle qui s'emboîte bien.

Tous ces procédés sont applicables aux pins laricios et au pin du lord; mais à l'égard de celui-ci, j'observerai que ses pommes suintent presque toujours si fortement la résine lors de leur

récolte, qu'il serait difficile d'en extraire les graines si on ne les débarrassait pas de cette résine.
On y parvient facilement en les faisant sécher
préalablement et dans cet objet ; après quoi, elles
deviennent aussi maniables, et il est aussi facile
d'en avoir les graines, que dans les autres espèces
de pins.

Commerce des graines de Pins, et leurs prix.

Il était plus facile, il y a dix à quinze ans,
d'avoir au Mans de grandes quantités de graines
de pin maritime et de pin d'Ecosse, qu'il ne
l'est depuis quelques années. Cette facilité était
d'ailleurs plus étendue pour le maritime que
pour le pin d'Ecosse.

Je rappelle, à ce sujet, qu'au Mans comme
dans tout le Maine, on nomme universellement,
quoique improprement, sapin, le pin maritime
ou de Bordeaux, et qu'on y réserve exclusivement la dénomination de pin à l'espèce sylvestre
dite d'Ecosse : en sorte que, pour se faire en-
tendre, il faut, lorsqu'on veut avoir de la graine
de pin maritime dans ce pays, y demander de la
graine de sapin. Je crois qu'on s'entendrait également bien, si on demandait du pin à grosse
graine, parce que, sous ce rapport, la différence

est très-tranchée avec la graine du pin d'Ecosse qu'on nomme assez vulgairement pin à petite graine.

Le moment le plus opportun pour s'en approvisionner au Mans, est le mois de novembre, époque à laquelle les habitans des campagnes qui se livrent à cette industrie, viennent l'offrir à la ville. Plus tard, il pourrait être difficile de s'en procurer, et d'ailleurs on paierait probablement plus cher.

Quant aux prix, ils sont très-différens selon les espèces, sans être cependant réglés sur la proportion de la quantité de graines que chaque espèce offre dans le poids d'une livre ancienne de seize onces ou demi-kilogramme.

Pour le pin maritime, il m'est arrivé de ne le payer au Maine que quatre sous la livre ; mais d'autres fois ça été cinq sous ; cinq à six sous ; six sous ; six à sept ; même huit à onze sous en 1824 ; neuf sous et même douze sous en 1823.

Le prix de la graine de pin d'Ecosse varie également au Mans. Il m'est arrivé de ne la payer que trois livres cinq sous la livre pesant ; d'autres fois ça été trois livres dix sous ; quatre francs ; quatre à cinq francs ; cinq francs ; cinq à six francs ; sept francs, et même neuf francs en 1823.

Dans la maison de commerce de M. Vilmorin, à Paris, le prix de la graine du pin sylvestre commun de France était, au commencement de 1825, de quatre livres dix sous la livre ancienne, et de six francs pour le pin sylvestre d'Haguenau.

A l'égard des pins laricios, il n'y a encore que celui de Corse dont la graine ait eu un prix. A la même époque, il était de vingt à vingt-quatre francs la livre dans la même maison. Il ne tardera probablement pas à baisser, quoiqu'il soit très-difficile d'obtenir des graines de l'île de Corse, parce que la grande quantité qui en existe maintenant en France continentale, devra rendre bientôt sa graine abondante.

Quant au pin du lord, il n'est pas à ma connaissance que le prix de sa graine soit encore établi pour de grandes quantités; mais il me paraît probable qu'elle ne tardera pas non plus à devenir commune, parce que cette admirable espèce de pin se multiplie aussi beaucoup.

Durée de la vertu germinative des graines de Pins.

Je crois devoir rappeler ici qu'à la différence du sapin argenté, dont les graines perdent promptement leur vertu germinative, celle des graines de pins se prolonge plusieurs années, par exemple cinq ans et davantage.

Mais la force végétative de ces graines est d'autant plus élevée, qu'elles sont plus fraîches, comme elle est d'autant plus faible, qu'on s'éloigne davantage de l'année de leur récolte.

Ainsi, la vertu germinative des graines de pins s'affaiblit graduellement.

La durée de cette vertu germinative doit d'ailleurs recevoir l'influence des années de la maturité des graines, par la raison générale que certaines années sont plus favorables, et que d'autres le sont moins à la bonté des graines, des fruits, etc.

Elle doit aussi dépendre et recevoir l'influence des soins qu'on a pris, ou au contraire de la négligence qu'on aurait apportée à la bonne conservation des graines.

Un des bons moyens de conservation et de prolonger la vertu germinative des graines paraît être de les laisser dans leurs pommes, plutôt que de les en extraire, comme je l'ai observé en parlant de leur récolte.

Il peut y avoir, sur l'étendue de cette vertu germinative des graines de pins, des distinctions et des différences selon les espèces ; mais je ne les ai point étudiées. Ce que je sais seulement, c'est que, de toutes les graines d'arbres, celles des pins paraissent se conserver le plus long-temps.

Maladies particulières aux Pins.

Dans le Maine, les pins maritimes sont sujets à une maladie dite du *champignon*, du nom des protubérances qui croissent sur leur tige à toutes sortes de hauteurs, et qui ressemblent à des champignons. L'effet de cette maladie est descendant, c'est-à-dire que le bois qui se trouve au-dessous de ces protubérances est le seul qui soit gâté ; car celui au-dessus reste sain.

Il est très-rare, dans ce pays du Maine, que cette maladie attaque les pins sylvestres d'Ecosse, qu'on y cultive également.

Voici, au surplus, des remarques que l'expérience de la culture des pins a donné occasion d'y faire :

Dans un terrain neuf, et par là on entend un terrain qui n'a pas encore été semé en pin maritime, la maladie du champignon ne se montre jamais avant cinquante ou soixante ans.

Mais sur un terrain semé pour la seconde fois en pin de la même espèce, il arrive que la maladie se montre dès l'âge de trente ans.

Et sur le terrain réensemencé une troisième fois, c'est vers l'âge de vingt ans.

En aucun cas, la maladie du champignon ne se manifeste avant l'âge de dix-huit ans.

Dans l'opinion du pays, la cause de cette maladie proviendrait de l'aridité du sol, ou bien de son épuisement. Sous ce dernier rapport, j'observerai que probablement on obvierait à cette dégénérescence graduelle, remarquée dans la production du pin maritime, si, au lieu de répéter immédiatement la culture de la même espèce, on alternait avec une autre, et si on avait un soin fort important, mais que j'ai vu généralement négligé en parcourant les bois de pins du Maine, notamment en compagnie de M. Lemarchand-Foulongne, celui d'empêcher de ramasser les aiguilles de pins ; car l'accumulation de ces aiguilles durant cinquante ou soixante ans bonifierait singulièrement le sol, en même temps qu'elle fournirait des moyens de nourriture terrestre aux arbres qui s'y trouvent ; mais l'enlèvement de cet engrais naturel appauvrit d'autant plus le sol, qu'il s'épuise à nourrir seul ces arbres.

Une autre dégénérescence remarquée aux pins maritimes du Maine, et qu'on attribue également, soit à l'aridité du sol, soit à son épuisement, c'est la mousse qui s'attache à leurs tiges et à leurs rameaux ; c'est aussi le noircissement de leur écorce.

On a encore remarqué dans le Maine que les pins maritimes ont, lorsqu'on débite leurs tiges, le défaut de la roulure, qui se trouve quelquefois dans le chêne. On y croit communément que la cause résulte d'une végétation trop active, qui empêche la parfaite incorporation des couches annuelles les unes dans les autres, et aussi les tourmentes du vent.

Vers la Flèche, qui est au-delà du Mans, on se plaint en outre que le pin maritime, tant sur pied qu'abattu, est attaqué par deux sortes de vers. Les uns circulent en différens sens dans le corps de la tige ; mais d'autres, qui sont armés de deux cornes ou deux nageoires, circulent du haut en bas.

Quant aux pins sylvestres, on se plaint bien moins, dans le Maine, des maladies ou des insectes qui les attaquent ; mais il paraît qu'à leur égard il y a une grande multitude de chenilles et d'autres insectes qui, certaines années, causent beaucoup de dégâts dans les bois et forêts qu'ils composent en Allemagne. M. Baudrillart est entré à ce sujet dans des détails très-circonstanciés à l'article *Insecte*, de son *Dictionnaire forestier.* Pour les personnes qui auraient à se plaindre de ces dégâts dans leurs bois de pins, il serait utile de consulter les développemens que M. Baudrillart a donnés à cette partie de son *Dictionnaire.*

Il importe donc beaucoup de se rappeler, comme je l'ai déjà observé, qu'à cet article *Insecte*, et à celui *Exploitation* du même *Dictionnaire*, M. Baudrillart a insisté, comme avaient fait précédemment M. Duhamel, M. Fornaini, M. Hartig, M. Lintz, etc., pour que les bois et forêts d'arbres résineux soient tenus dans un état de propreté tout particulier, parce que les sujets dépérissans, ceux morts ou simplement mourans, engendrent des insectes destructeurs de leurs bois, insectes qui se forment entre l'écorce et le bois. Ces nettoyages n'exigent que des soins, mais point de dépense, parce que celle-ci est toujours couverte et au-delà par les produits, à moins d'être dans des localités qui regorgent de bois de chauffage.

On n'a pas été encore à portée, en France, de connaître les maladies qui peuvent attaquer les pins laricios et le pin du lord ; mais je les y crois moins sujets que les autres espèces.

Choses diverses également particulières aux Pins.

On m'a observé, dans le Maine, que lors du débitage des bois de pins en planches et de leur arrangement en pavillons, il était plus positivement nécessaire d'isoler les lits de planches par des tasseaux, parce que, faute de séparation de ces lits entre eux, les planches seraient sujettes à moisir.

On m'a aussi observé de ne pas les laisser exposées au soleil, parce qu'elles se déjetteraient beaucoup.

On m'a encore observé qu'elles devaient être employées au plus tard dix à douze ans après leur débitage.

On m'a dit, à l'égard du pin sylvestre d'Ecosse, dont le bois est réputé, dans le Maine, particulièrement propre à faire des corps de pompes et des tuyaux, qu'il fallait l'abattre, l'œuvrer, le percer, et même le placer simultanément, parce qu'autrement il n'aurait pas de durée.

Le bois des pins, m'a-t-on encore dit dans le Maine, prend une couleur bleue lorsqu'il a été long-temps à être débité. Cette couleur résulte aussi de la circonstance de la chaleur, lorsqu'elle est précédée d'un brouillard ; tandis que l'effet de celui-ci est insensible dans l'hiver.

Lorsque le bois de pin devient rouge , c'est, m'a-t-on observé, le signe qu'il commence à se gâter.

Le bois du pin sylvestre d'Ecosse est d'une couleur tirant sur le blanc ; mais celui du pin sylvestre de Riga est rosé.

Le bois du pin maritime est, quant au cœur, coloré vers le rouge, et plus pâle quant à l'aubier.

La couleur du bois du pin laricio, du moins quant à celui de Corse , est rosée, sur-tout celui du cœur.

Et la couleur du bois du pin du lord est d'un blanc très-caractérisé. Aussi, à cause de cette circonstance, un de ses noms, en Amérique, est-il celui de *Pin blanc.*

Au surplus, le sol, le climat et beaucoup d'autres circonstances influent sur les couleurs et produisent beaucoup de nuances, de veines et autres choses.

CHAPITRE XIII,

OU J'EXAMINE QUELS SONT LES DIFFÉRENS EMPLOIS DONT LE BOIS DES PINS EST SUSCEPTIBLE.

Ces emplois sont tout-à-la-fois nombreux et importans ; ils offrent, par conséquent, la preuve de l'utilité de la culture de cette essence d'arbres, qui devient précieuse lorsqu'on considère la grande activité de sa végétation, la quantité extraordinaire de matière qu'elle produit, et sa prospérité dans des terrains impropres à toute autre production.

Aussi M. de Larminat, qui s'applique avec tant de persévérance à en enrichir toutes les parties usées, incultes et arides de la belle et grande forêt de Fontainebleau, m'a fait constamment remarquer que le principal avantage des pins était de pouvoir remplacer le chêne dans la charpente comme dans beaucoup d'autres emplois d'œuvre, et de croître vigoureusement là où le chêne ne fait que languir. De son côté, M. le comte de Tristan, l'un des principaux créateurs de bois et forêts de pins des environs d'Orléans, a judicieusement observé qu'en s'attachant trop exclusivement à faire servir le bois des pins aux besoins combustibles, on ne tarderait pas, dans sa contrée, à diminuer les avantages de leur culture. Cette remarque fort sage justifie le sentiment de M. de Larminat.

Effectivement, dans le Maine, ceux qui ne veulent pas manger leur blé en vert, pour me servir de l'expression vulgaire, tendent à avoir des arbres propres à faire de l'œuvre, préférablement à en faire du bois de chauffage à moitié de son âge de maturité. Il y est d'expérience qu'à l'emploi en bois d'œuvre, il y a une différence de quatre contre un sur l'emploi au chauffage. Et en considérant que dans ce dernier emploi on peut doubler sa récolte à l'aide de soins et aussi de quelques avances; qu'on peut d'ailleurs capitaliser le produit de sa première récolte: néanmoins l'avantage, même pécuniaire, est toujours en faveur de l'emploi à l'œuvre, outre que celui-ci est plus sage, moins chanceux, plus assuré, et plus approprié aux besoins futurs de la société.

Je vais donc parler successivement de ces di-

vers emplois, dont il n'y a pour ainsi dire aucun qui soit à exclure.

Charpente de haut service.

En Allemagne, le pin sylvestre est, au témoignage de M. de Burgsdorf, pages 402 et 403,
employé à faire des mâts, des pièces pour la construction des vaisseaux, des madriers, des poutres, des solives, des planches et des lattes.

M. de Perthuis père et M. de Perthuis fils
citent le pin comme fournissant des bois œu-
vrés pour les constructions navales, en même
temps que pour la navigation intérieure, ainsi
que des charpentes pour les grandes constructions civiles, aussi bien que pour les constructions
ordinaires et communes.

Les bois résineux ont un avantage qui leur
est particulier et qui est d'un grand prix dans
leur emploi aux constructions maritimes, c'est
de faire moins de retrait au grand air que n'en
fait le chêne : en sorte qu'ils lui sont préférables
pour border les ponts et les hauts de vaisseaux.
Ils conservent mieux que lui leurs joints serrés ;
ils se fendillent moins et s'opposent mieux que
le chêne à l'infiltration des eaux pluviales. C'est
de M. Bonard que je tiens ce renseignement ins-

,tructif; et comme dirigeant les constructions maritimes, on peut prendre confiance dans cette assertion, fort grave par son objet.

Dans le Maine, le bois des deux espèces de pins qui s'y cultivent est non-seulement employé à la charpente, mais même à faire des mâts de vaisseaux du port de deux à trois cents tonneaux. Sous ce dernier rapport, on y distingue le pin sylvestre d'avec le pin maritime. Celui-là donne des mâts plus pesans et plus cassans, l'autre en donne de plus légers et de plus souples.

Le pin de Riga est le pin par excellence pour la mâture des vaisseaux de guerre, et il est employé avec beaucoup d'avantages dans un grand nombre de leurs parties. Mais en parlant du pin laricio de Corse, M. Bonard m'a appris qu'à Toulon il est d'une ressource précieuse pour les ouvrages du premier ordre. On en confectionne des bas-mâts d'assemblage pour les vaisseaux comme pour les frégates, des vergues, des mâts de hunes de rechange, des pièces de quilles, des bans de ponts, des bordages pour le corps des bâtimens. Il l'emporte sur le chêne pour l'enveloppe des hauts; il dure autant que lui en poutres pour les batteries; il est toujours trouvé bon dans les carènes, soit en bordages, soit en pièces de quilles lorsqu'on radoube le fond des vaisseaux. Il semble d'ailleurs, par ses grandes dimensions, sa régularité et ses belles proportions, la flexibilité et l'élasticité de son bois, avoir été créé pour la mâture.

En Turquie, le bois de pin laricio d'Asie entre dans la construction des vaisseaux de guerre concurremment avec le pin pignon et avec le chêne, au témoignage de M. Olivier, pag. 6 et 8 du tome deux de son *Voyage dans l'empire ottoman.*

En Amérique, le pin laricio de cette contrée est également employé dans la construction des vaisseaux, et il l'est particulièrement pour leurs ponts, parce qu'il fournit des planches de quarante pieds de longueur, sans nœud, comme le rapporte M. Michaux.

Le pin du lord est également propre à la charpente du premier ordre. Au témoignage de M. Michaux, il est employé notamment à faire des mâts, qui sont plus légers, mais moins durables que ceux en pin de Riga. Il est préféré dans la construction des grands ponts, parce qu'il résiste mieux aux alternatives de la chaleur et de l'humidité.

Charpente secondaire.

Il est évident, d'après ce que je viens de dire, que le bois des pins est propre à ces emplois importans, et qu'en raison de cela il est d'une grande utilité pour les besoins de la société.

Toutes les espèces à grandes dimensions dont je propose la culture y sont plus ou moins propres. Il n'y a entre elles que des nuances de différence, les unes y étant à un plus haut degré que les autres.

Menuiserie.

Le bois des deux espèces de pins cultivés dans le Maine y est fréquemment employé pour tous les ouvrages de la menuiserie; on en fait des boiseries, des parquets, des armoires, des tables, etc.; pour cela on le débite en planches, contrelattes, madriers, etc.

Les planches de ces deux espèces y ont une grande valeur lorsqu'elles ont de grandes dimensions, notamment en longueur. Au témoignage de M. Lemarchand-Foulongne, le commerce de cette contrée de la France en fournit de plus de trente pieds de long.

M. Varennes de Fenille et M. Bosc ont pourtant observé que le bois de pin ne s'employait guère en menuiserie, à cause de l'odeur forte et pénétrante qu'il conserve long-temps; mais il est d'expérience dans le Maine que cette odeur s'évapore promptement, qu'elle disparaît même totalement lorsqu'on a exploité et débité les pins en temps opportun et avec promptitude.

Quant aux autres variétés de pins sylvestres, elles ont évidemment le même avantage, sur-tout celle dite de Riga, parce que la couleur de son bois est plus agréable. Il en faut dire autant du bois des laricios, qui est rosé comme le pin de Riga, et du pin du lord, qui est comme satiné.

Cuviers et objets de vaissellerie.

MM. de Perthuis père et fils, qui se sont particulièrement expliqués sur les différens emplois des bois selon leurs essences, citent le bois du pin comme servant à faire des douves, des fonds de cuviers à lessive et des baquets, des seaux et autres objets de vaissellerie.

Dans le Maine, on emploie le bois de pin à tous ces objets et à faire des baignoires; mais sous ce rapport on préfère le maritime, parce qu'on a remarqué que le bois de pin d'Écosse,

quoique plus dur et d'un grain plus fin, laissait
néanmoins filtrer les liquides.

Pompes et conduits.

M. Bosc, page 375 du tome II, dit que le
bois de pin et l'aune sont de bons bois pour
faire des corps de pompes, parce qu'ils ne pour-
rissent que fort lentement dans la terre.

M. de Perthuis père et M. de Perthuis fils citent également et même exclusivement le pin et
l'aune comme les bois propres à faire des corps
de pompes et des conduites d'eau.

Dans le Maine, on emploie aussi à cet usage
le bois de pin; mais c'est préférablement celui
de l'espèce sylvestre.

Merrains à tonneaux, lattes, échalas, bar-
deaux, etc.

L'emploi du bois de pin sous ces différens rapports est attesté par M. Bosc, page 374 du t. X.
M. de Perthuis fils cite le pin comme propre
à faire des échalalas tant de brin que de fente;
M. Juge de Saint-Martin l'atteste également, et
de plus pour des instrumens de musique.

Dans le Maine, on en faisait particulièrement

usage en bardeaux, avant qu'on eût à-peu-près renoncé à cette sorte de couverture des bâtimens.

En Amérique, M. Michaux atteste que le bois du pin du lord est particulièrement employé en bardeaux, et qu'ils y durent douze à quinze ans.

Chauffage.

M. Hartig, qui a fait des expériences si nombreuses et si soignées sur la combustibilité des bois, place le pin sylvestre au premier rang sous ce rapport, puisque dans son *Tableau*, composé de vingt-et-une essences de bois arrivés à toute leur maturité, il classe le pin au numéro 2, et que dans le *Tableau* de vingt essences de bois de moyen âge, il le place sous le numéro 3.

Dans le Maine, on n'emploie guère au chauffage que le bois des pins avariés, parce qu'on trouve un avantage de trois contre un à l'emploi en charpente, menuiserie et mâts. En raison de cette circonstance, le gros bois livré au feu y produit nécessairement moins de chaleur que s'il était sain. Aussi y est-il apprécié à moitié au plus du bois de chêne.

D'ailleurs, on y distingue l'emploi au feu des fourneaux ou feu clos, d'avec l'emploi au feu ouvert ou feu de cheminée.

Dans l'emploi au feu clos, le bois des pins, tout avarié qu'il soit, approche de la qualité combustible du bois de chêne.

Mais au feu de cheminée, il lui est d'autant plus inférieur qu'il faut que celui de l'espèce maritime soit dépouillé de son écorce; qu'il engorge les tuyaux, graisse les vêtemens et la peau, et qu'il exhale parfois une odeur résineuse trop forte. A ces emplois, le pin maritime est même inférieur au pin d'Écosse.

Au feu clos, le bois de pin doit être employé plutôt après sa coupe qu'il ne doit l'être au feu ouvert, parce que l'évaporation de sa résine lui ferait perdre de sa force combustible.

Du reste, on se trouve bien de mélanger dans l'un et l'autre feu un quart de bois vert à trois quarts de bois plus sec.

Le bois de pin maritime, étant plus résineux, brûle plus vite. Cela lui donne de l'avantage au feu clos, où d'ailleurs sa résine donne plus de force à sa chaleur. Mais au feu ouvert, le pin sylvestre est préféré non-seulement parce qu'il tient plus long-temps, mais aussi parce qu'il est plus agréable que l'autre.

En résultat, c'est moins pour le chauffage des appartemens que le bois de pin est propre, que pour les usines de toutes les sortes. A leur égard

il convient parfaitement et il offre par conséquent de grandes ressources à la consommation
en raison de la quantité de matière pour ainsi
dire indéfinie qu'on peut retirer des pinières
bien administrées.

On reproche bien au bois de pin de fournir
peu de cendres, sur-tout lorsqu'il a été écorcé,
et de procurer peu de braise ou de charbon;
mais ces légers désavantages ne sont pas susceptibles d'affaiblir les grands avantages qu'on en
peut retirer dans les pays à usines.

Du reste, le peu de cendres qui résultent de
l'emploi du bois de pin au chauffage est re-
cherché dans le Maine pour amender les prairies
marécageuses.

La suie qui est produite par le même emploi y est préférée à celle provenant du bois
de chêne, pour amender les terres, parce qu'elle
est plus grasse, et d'ailleurs mélangée de cendres.

Sous le rapport du chauffage, je n'ai encore
pu, dans ma culture, livrer à la consommation
que du bois pour ainsi dire herbacé, parce
qu'il était tout-à-la-fois jeune et étouffé.

Ce qui a été dans le cas d'être débité en cotterets et employé au feu clos, a été trouvé néanmoins d'une qualité combustible presque égale à

celle du bois pelard, qui, à cet emploi, est le bois par excellence. Cependant j'ai éprouvé à cet égard des variations d'opinions qui offrent des doutes, et pour les éclaircir je projette et je me flatte d'en faire faire en 1826 des essais scientifiques.

Quant aux bourrées employées aux fours des boulangers, des briquetiers et autres petits manufacturiers, leur qualité combustible est réputée expérimentalement, dans ma contrée, supérieure aux bourrées de bois feuillus, et avoir l'avantage tout particulier d'épargner plus d'un sixième du temps nécessaire à la cuisson.

Dans tout ceci, je ne parle que des pins maritime et sylvestre; je ne doute cependant pas que les pins laricios et le pin du lord ne partagent les mêmes avantages; mais je manque de renseignemens et d'expériences à leur égard.

Charbon.

Il est hors de doute que le bois des pins est propre à faire du charbon, et quoique l'opinion unanime des auteurs ne porte que sur les espèces maritime et sylvestre, je ne doute pas que le bois des pins laricios et celui du pin du lord n'y soient également propres.

Toutefois, ce n'est qu'à un certain âge que le bois de tous les pins est susceptible d'avoir cette destination. Dans le Maine, on a reconnu qu'au-dessous de quinze ou vingt ans, le bois des deux espèces de pins qui s'y cultivent depuis des siècles ne donnait pas de charbon.

Les parties d'arbres qu'on emploie à faire du charbon sont ordinairement les culées et les brins trop gros pour entrer dans la composition des fagots et des bourrées.

Le charbon de bois de pin exige d'être plus ménagé que celui de bois de chêne, dans le transport, parce qu'il n'a pas autant de consistance que celui-ci ; il fond, d'ailleurs, davantage que lui ; il se garde moins long-temps, et par conséquent il faut l'employer plus promptement.

Il y a des emplois, tels que ceux qui exigent un feu doux, où le charbon de pin est préférable au charbon de chêne.

Mais là où il faut produire une forte chaleur, on m'a dit, dans le Maine, qu'il fallait trois parties de charbon de pin contre deux parties de charbon de chêne.

En résultat, la valeur pécuniaire ou commerciale du charbon de pin n'est que de la moitié aux deux tiers du charbon de chêne.

Tan.

L'écorce du mélèze et celle de l'épicéa paraissent susceptibles d'être employées dans les tanneries ; mais, selon même M. de Burgsdorf, M. Loiseleur-Deslongchamps, et l'auteur de la brochure traduite par M. Michaux sur les mélèzes cultivés en Ecosse, leur prix, et par conséquent leur qualité, sont de beaucoup inférieurs à l'écorce du bois de chêne.

A l'égard de l'écorce du bois des pins, M. Bosc exprime, dans le *Nouveau Cours d'agriculture*, page 472 du tome XI de la seconde édition, que celle du pin d'Ecosse s'emploie dans les tanneries.

Et M. Guiot, dans son *Manuel forestier*, page 186, énonce que l'écorce pilée du pin (sans s'expliquer sur l'espèce) fournit un très-bon tan.

Emploi des feuilles et rameaux des pins à la nourriture des moutons, et Préservatif qui en résulte contre la maladie de la pourriture.

Je tiens de l'obligeance de M. Juge de Saint-Martin qu'une disette de fourrage éprouvée en 1820 par un de ses métayers près de Limoges, lui a donné l'occasion d'apprendre, d'une part, que les moutons étaient si avides des feuilles du pin maritime, qu'ils les préféraient à l'herbe; et d'autre part, que les moutons de ce métayer avaient été préservés de la maladie de la pourriture, dont les troupeaux de son voisinage furent attaqués.

Cette seconde remarque est en harmonie avec ce qu'explique sur cette matière M. Huzard père, dans son *Rapport sur l'emploi et le bon effet de l'huile essentielle de térébenthine dans la maladie de la pourriture*, inséré page 98 et suivantes du tome XIV des *Annales d'agriculture*, seconde série.

De son côté, M. Bosc, page 471 du tome XI de la seconde édition du *Nouveau Cours d'agriculture*, dit, en parlant du pin d'Écosse, que ses feuilles sont recherchées par les moutons, principalement pendant l'hiver, et qu'elles les préservent de la pourriture.

M. Datty, page 101, parle même de donner les rameaux en nouriture aux moutons, tout-à-la-fois pour les sustenter et pour les préserver des maladies.

Toutefois, M. le docteur Loiseleur-Deslongchamps semble contester l'effet préservatif, en disant, page 325, que des médecins ont recommandé l'usage de la térébenthine dans la phthisie pulmonaire, mais qu'aujourd'hui on reconnaît l'insuffisance de ce moyen dans cette cruelle maladie, et qu'on croit plus généralement que l'emploi des substances résineuses accélère la marche du mal.

CHAPITRE XIV,

OU JE FAIS L'EXAMEN DE LA PRODUCTION DES PINS, PAR CONSÉQUENT DES PROFITS QUI RÉSULTENT DE LEUR CULTURE; L'ÉPOQUE DE CES PROFITS; CELLE OU ON RENTRE DANS LES DÉPENSES DE LEUR CRÉATION, ET OU JE COMPARE, SOUS CES DIFFÉRENS POINTS DE VUE, LA CULTURE DES PINS AVEC CELLE DES BOIS FEUILLUS.

LES avantages de la culture des arbres résineux, et notamment des pins, sont généralement attestés par les personnes qui se sont occupées de ce qui les concerne. Tels sont M. de Buffon, M. Duhamel-Dumonceau, M. Varennes de Fenille, M. Bosc, M. Guiot, M. de Poiderlé, M. Dralet, etc.

M. Bosc a même dit, dans la seconde édition du *Nouveau Cours d'agriculture*, article *Pin*, page 471 du tome XI, qu'une forêt de pins donne, d'après des observations multipliées, au moins dix fois plus de matière combustible qu'une forêt de bois feuillus de même étendue, et qu'elle est exploitable au moins moitié plus tôt ; ce qui attribue à la culture des pins un avantage de plus de vingt contre un sur la culture en bois feuillus.

Je ne connais que MM. de Perthuis, père et fils, qui, en donnant beaucoup d'éloges aux bois résineux et aux pins en particulier, ont cependant observé qu'ils ne pouvaient entrer en concurrence notamment avec le chêne, dans toutes les localités où celui-ci pouvait bien prospérer. Et en faisant l'énumération des divers emplois dont les différentes essences de bois sont susceptibles, et qu'ils ont portées à vingt-neuf, MM. de Perthuis n'y font figurer les pins que pour treize, par conséquent pour moins de la moitié de ces emplois.

Mais, d'une part, MM. de Perthuis se sont empressés de prévenir qu'ils n'avaient que des connaissances théoriques sur les pins, et qu'ils manquaient à leur égard des connaissances pratiques qu'ils possédaient à un si haut degré pour les bois feuillus. On a pu juger de l'effet de ce défaut de connaissances pratiques par ce que j'ai été dans le cas d'observer, à la fin du Chapitre V, sur l'opinion émise par M. de Perthuis fils relativement à la création de bois en pins.

Et d'autre part, il est échappé à MM. de Perthuis de prendre en considération les deux circonstances capitales, qui, au besoin, décideraient
la question : je veux dire la plus grande quantité
de matière qu'on obtient dans la culture des
pins, et les deux récoltes qu'on peut faire en
pins contre une seule en chêne.

Au surplus, on se tromperait beaucoup si on
concluait de ce que les pins ne sont susceptibles
que de treize des vingt-neuf emplois énumérés
par MM. de Perthuis, qu'ils ne sont propres
qu'à fournir moins de la moitié des besoins de
la consommation ; car ces besoins ne doivent pas
être appréciés ici par leur nombre, mais bien
par l'étendue de chacun d'eux. Par exemple, le
besoin résultant de la combustibilité, quoique
ne formant qu'un vingt-neuvième de ces emplois,
entre, au rapport de M. Bosc, page 362 du tome II, pour les sept dixièmes de toute la consommation du bois en France. M. Baudrillart l'élève
même aux vingt-neuf trentièmes, page 33 du *Dis-
cours préliminaire* de son *Dictionnaire forestier.*

On peut donc dire qu'en considérant que le
bois des pins est particulièrement propre à faire
des mâts et d'autres parties considérables de
constructions navales, qu'il est aussi principalement propre à la charpente secondaire, ainsi

qu'à toutes les parties de la menuiserie ; qu'il est encore particulièrement propre à pourvoir aux besoins d'alimenter les usines de combustible et de charbon ; on peut, dis-je, conclure que, loin de ne pourvoir qu'à moins de la moitié des besoins, il est au contraire dans le cas de satisfaire aux huit si ce n'est pas aux neuf dixièmes des besoins de toutes les sortes en bois.

Et par conséquent on doit tenir pour certain que dans toutes les localités de la France où le bois n'est pas en proportion avec les besoins, les propriétaires auraient un profit énorme et la société un grand intérêt à ce que la restauration des bois dégradés et la création qu'on voudrait faire de bois nouveaux, se fissent en essences résineuses, indépendamment des avantages de l'emploi de ces essences pour salubrifier l'air, et pour reboiser plus promptement comme plus facilement les montagnes déboisées.

Évaluation du Produit en matière d'un hectare de bois de Pins.

La valeur du bois en argent varie selon les localités ; mais le cube du bois est invariable. C'est donc sous le rapport de la matière qu'il faut le considérer pour juger de l'étendue de

sa production, qui, en argent, pourrait être
double, triple et davantage dans certaines parties
de la France, de ce qu'elle serait dans d'autres,
sans pour cela qu'il y ait de différence dans la
quantité du bois.

J'examine donc ce qu'un hectare superficiel
de terrain est dans le cas de produire en matière lorsqu'il est en bois de pins, et parmi les
diverses espèces je choisirai celle maritime,
sauf à parler dans un moment des différences
que cette diversité des espèces peut produire.

Or, d'après ce que je crois de la quantité de
sujets qu'on peut se flatter d'avoir en pins maritimes dans cette étendue d'un hectare, j'en
porte le nombre à quinze cents, parce que j'é-
value leur espacement commun à huit pieds; ce
qui en donne soixante-quatre superficiels pour
chacun (1). D'un autre côté, d'après le cubage

---

(1) M. Dralet, qui, page 145 à 148 de son *Traité des forêts d'arbres résineux*, ne parle que de cent cinquante sujets dans celles aménagées à cent vingt ans, en admet nécessairement en outre un grand nombre d'autres plus ou
moins rapprochés de leur âge de maturité, puisque, citant
comme exemples de forêts bien tenues celles qui en essences
résineuses fournissent, dans le mode d'exploitation par jardinage, quatre et même cinq arbres par chaque année, il
en résulte qu'après trente ou quarante ans on aurait épuisé

qu'avec la permission de M. de Ribard j'ai fait
fait faire d'un certain nombre de ses pins maritimes de toutes les grosseurs, moins toutefois
les plus forts, je puis me promettre trente à
quarante pieds cubes de chacun de mes sujets
à l'époque de leur maturité, c'est-à-dire à l'âge
de quarante à cinquante ans de leur semis à
demeure : par conséquent, en n'élevant leurs

---

toute la superficie s'il ne s'y trouvait pas d'autres sujets,
qui, lorsqu'on coupait ceux de cent vingt ans, en avaient
déjà quatre-vingt, soixante-quinze, soixante-dix, etc.

Et si on n'admettait pas ces nombreux sujets de quatre-
vingts ans et au-dessous en augmentation à ceux âgés de
quatre-vingts à cent vingt ans, on supposerait nécessairement que M. Dralet n'aurait pas pris en considération cette
circonstance importante, qui distingue les futaies d'arbres
résineux des futaies d'arbres feuillus : je veux dire que les
aiguilles de ceux-là ne présentant pas ou ne présentant que
peu de surface, elles laissent passer, l'air et la lumière, qui,
au contraire, ne peuvent traverser la houpe des arbres
feuillus, à cause de la surface de leurs feuilles, qui forment
voûte. Or, M. Dralet a trop de connaissances pratiques, trop
de lumières et d'instruction, pour n'avoir pas été frappé
mille fois du contraste et s'en être rendu compte.

Au surplus, M. Baudrillart nous a dernièrement expliqué
à l'article *Exploitation*, de son *Dictionnaire*, que, dans la
méthode allemande, et lors des éclaircies périodiques qui
la constituent, on laisse dans les sapinières jusqu'à deux
mille sujets de soixante à quatre-vingts ans ; qu'on en laisse
jusqu'à mille de cet âge à celui de cent ans, etc.

dimensions qu'à trente pieds, et en ne faisant arriver leur maturité qu'à cinquante ans, je puis croire que dans un hectare j'aurai à cette époque quarante-cinq mille pieds cubes de matière.

Indépendamment de ce produit définitif, il y a les produits résultant des éclaircissemens, élagages et autres nettoyages des bois, à partir d'environ huit ans de leur création. En ne les évaluant qu'au quinzième de celui définitif, ce serait en outre trois mille pieds cubes de matière.

Ces énormes produits d'un bois géré et administré avec tous les soins dont j'ai parlé, notamment au CHAPITRE X., ne paraîtront pas exagérés lorsqu'on considérera que, selon M. Dralet lui-même, selon M. Rémond et selon M. Noirot, le produit en matière des sapinières bien tenues et cependant exploitées à la manière désavantageuse du jardinage, s'élève de vingt-cinq à trente mille pieds cubes à leur âge de maturité de cent vingt ans; car ces trois personnes sont unanimes sur le produit annuel de quatre à cinq arbres par hectare dans ces sapinières bien tenues; mais M. Noirot y ajoute une circonstance précieuse, négligée par M. Dralet, comme par M. Rémond : c'est le cubage moyen de chaque arbre. Or, il l'a reconnu être de cinquante pieds, tout en trouvant des arbres qui cubaient bien davantage, même cent soixante-trois pieds, étant équarris.

Quant aux produits qu'on peut se promettre des pins sylvestres, ils ne doivent pas être moins considérables, quoiqu'ils puissent exiger plus d'espacement que n'en veulent les pins mariti- mes, parce que leurs dimensions sont plus fortes en grosseur comme en hauteur, ce qui rétablit la balance, d'autant plus que la matière ayant plus de qualité dans les pins sylvestres que dans les pins maritimes, elle a nécessairement plus de valeur pécuniaire. Ce qui peut rompre la ba- lance, c'est l'attente beaucoup plus longue de la récolte, puisqu'elle est à-peu-près double, pour les pins sylvestres, du nombre des années qu'on peut assigner à la maturité des pins de l'espèce maritime.

Mais les pins sylvestres de la variété dite de Riga pourraient faire exception et offrir de l'a- vantage sous ce rapport, même sur les pins ma- ritimes ; car ils paraissent arriver aussitôt qu'eux à tout leur accroissement, être susceptibles du même espacement, avoir de plus fortes dimen- sions en grosseur aussi bien qu'en hauteur, et en outre leur bois est d'une qualité supérieure à celle des autres pins ; de façon qu'il y aurait toutes sortes de raisons pour donner la préférence, dans la culture, à cette espèce ou variété, précieuse sous tant de rapports.

Les pins laricios peuvent être aussi très-rapprochés les uns des autres, sur-tout le pin laricio de Corse, à cause de sa forme pyramidale. Ses dimensions sont bien autrement avantageuses que celles du pin maritime, puisque sa hauteur est double de la sienne, et que la grosseur bien plus considérable de sa tige ne décroît que très-lentement. D'ailleurs, les qualités de son bois sont évidemment supérieures à celles du pin maritime; mais il paraît qu'il se fait attendre environ cent vingt ans pour la jouissance définitive.

Quant au pin du lord, il ne doit non plus exiger que peu d'espacement, et sa plus grande élévation doit racheter ce que sa forme conique, qu'on lui reproche, doit lui faire perdre en quantité de matière. D'ailleurs, il est tout particulièrement propre à utiliser à un haut degré les terrains bas, où le pin laricio, et davantage le pin maritime, ne pourraient pas végéter; mais il paraît qu'il faut l'attendre cent cinquante ans.

*Époque où l'on recueille les profits de la création
des bois de Pins.*

Il y a à distinguer dans ces profits ceux définitifs d'avec ceux accessoires, qu'on pourrait
appeler des produits préparatoires.

Dans l'espèce maritime, les profits accessoires
peuvent commencer vers l'âge de huit ans de
semis : ils résultent des éclaircissemens et des
élagages à faire jusqu'à environ l'âge de vingt-
cinq ans ; et depuis cette époque jusqu'au moment du profit définitif, ils se composent des
nettoyages à faire dans les bois de pins pour
les tenir continuellement dans l'état de propreté
qui leur est particulièrement avantageux, et
pour en extraire tout ce qui cesserait de végéter
avantageusement.

Quant au profit définitif, son époque peut
varier de quarante à soixante ans : ainsi, terme
moyen, ce peut être cinquante ans.

Pour les pins sylvestres, les produits accessoires peuvent commencer vers leur âge de dix
ans, et ceux définitifs arriver vers quatre-vingts
ou cent ans. Mais la variété dite de Riga paraît
faire exception, arriver aussi promptement que
dans l'espèce maritime, et être probablement

plus considérable en matière comme en valeur pécuniaire.

Dans les pins laricios, les jouissances accessoires pourraient probablement commencer aussi vers dix ans de leur semis ; mais leur produit définitif n'arriverait qu'à cent vingt ans.

Enfin, à l'égard du pin du lord, les profits accessoires peuvent commencer à dix ou douze ans d'âge, et ceux définitifs seulement à cent cinquante ans.

Epoque où le créateur de bois et forêts de Pins rentre dans ses avances.

Sur ce point, j'ai l'avantage de parler expérimentalement, du moins quant à la création des bois de pins maritimes.

J'ai expliqué, au CHAPITRE V, que ma dépense s'élevait, terme moyen, à deux cent soixante francs l'hectare, mais que pour les personnes qui ne seraient pas exposées, comme je l'ai été, à des tâtonnemens, et qui pourraient opérer de prime abord, cette dépense ne devait s'élever, pour les pins maritimes, qu'à soixante francs l'hectare dans les terrains faciles à travailler, comme à Fontainebleau, Rouvray, Roumare, et dans tout le Maine.

Or, dans mon premier semis de pin maritime du printemps 1811, qui est plus particuliérement le pivot de mes expériences, et dont l'étendue, réduite à la mesure métrique, est de trois hectares et un tiers, j'ai déjà fait exécuter, comme je l'ai dit, quatre éclaircissemens accompagnés d'élagages.

Leur produit brut a été, en argent, de deux mille francs, sauf une fraction que je néglige. En divisant ce produit en deux parties égales, dont une pour les ouvriers et l'autre pour le maître, ainsi que je l'ai précédemment expliqué, il en résulte que le produit net a été de mille francs à quatorze ans du semis, ou, à parler plus exactement, que ce profit est arrivé successivement jusqu'au terme de quinze ans, du moment de la dépense occasionnée par le labourage, l'achat de la graine, etc.

Ce qu'il m'en coûterait aujourd'hui que j'opérerais en toute connaissance de cause, ne s'éléverait qu'à deux cents francs pour les trois hectares et un tiers. En y ajoutant cent vingt francs pour les intérêts simples de douze années, on aura une avance totale de trois cent vingt francs. Or, cette avance aurait été, dans mon cas, remboursée par les produits dès cette époque de douze ans, parce qu'à mon troisième nettoyage exé-

cuté à onze ans du semis, le produit net s'est
trouvé élevé à six cents francs, et que par conséquent il aurait dès-lors sensiblement dépassé
la dépense tant en déboursés qu'en intérêts
simples.

Ainsi, on peut évidemment dire qu'en pins
maritimes, le créateur de bois est plus que rentré dans ses avances ; qu'il est même entré en
bénéfice dès douze ans après ses premières avances : je pourrais même dire que c'est dès huit à
neuf ans ; car, dans mon exemple, le produit
net des deux premiers nettoyages exécutés l'un
à sept, et l'autre à huit ans du semis, a été de
trois cents francs. Or, à ce moment-là, l'avance
et ses intérêts n'arrivaient pas tout-à-fait à
cette somme.

A l'égard des pins sylvestres, des pins laricios et du pin du lord, il ne peut y avoir que
de légères différences, et je crois pouvoir dire
que pour eux on est dans le cas d'être rentré
dans ses avances au plus tard à quinze ans de
la création de leurs bois.

Évaluation du Produit en matière d'un hectare de bois taillis ; époque de sa jouissance ; époque ou le créateur rentre dans ses avances.

Après avoir examiné ces trois points sous trois paragraphes pour les pins, je puis faire en un seul le même examen pour les bois taillis.

Pour ceux-ci, la dépense est hors de proportion avec celle que j'ai assignée pour les pins, même avec celle excessive que j'ai été dans le cas de faire pour arriver à connaître ce à quoi elle peut être restreinte ; car on ne pratique guère la création des bois feuillus autrement que par la voie de la plantation, et le prix qu'il est d'usage de donner dans les forêts du Domaine est de huit cents francs l'hectare ; il était même, déjà, de quatre cent vingt francs il y a soixante-quinze ans, puisque le marché passé en 1751 pour le repeuplement de deux mille cinq cents arpens dans la forêt de Saint-Germain-en-Laye a été fait à ce taux, comme le rapporte M. Duhamel, page 317 et suivantes.

D'après ce que M. de Buffon enseigne, notamment page 262 ; d'après ce que j'ai étudié dans le Maine, chez M. de Menjot d'Elbenne, et selon ce que j'ai pu en expérimenter sur mes semis de bouleau faits de 1806 à 1810, il est certain que ce n'est que de vingt à trente ans qu'on peut obtenir une demi – production , et environ vingt ans plus tard une production pleine.

Ainsi, il faut quarante à cinquante ans pour obtenir une récolte et demie en bois taillis , à partir de l'époque de sa création.

En se réglant sur le produit commun, que M. Baudrillart, pages 32 et 33 du *Discours.pré-liminaire* de son *Dictionnaire forestier*, attribue aux bois taillis de l'âge de vingt ans , et par conséquent pour des sols supérieurs en qualité à ceux où prospèrent les pins , on trouve qu'à ce terme de quarante à cinquante ans, le produit en matière d'un hectare de bois taillis ainsi créé serait de dix-huit cents pieds cubes, à raison de soixante pieds de solidité par chaque corde de bois.

En attribuant la valeur élevée de trente sous à chaque pied cube de bois encore sur pied, il faudrait dire qu'au terme de vingt-cinq ans on obtiendrait une valeur de neuf cents francs, mais qu'on aurait alors dépensé dix-huit cents francs ; savoir , huit cents francs de premières avances, et mille francs d'intérêts simples.

A quarante-cinq ans, on aurait une valeur

en argent de deux mille sept cents francs. On rentrerait dans ses avances, qui, à cette époque, s'élèveraient à deux mille six cents francs, compris dix-huit cents d'intérêts, et on entrerait en bénéfice pour cent francs.

Même Examen pour un hectare de bois futaie.

La dépense de création serait la même que celle dont je viens de parler pour le bois taillis.

Mais il faudrait que le sol fût encore de meilleure qualité que pour celui-ci, et par conséquent de beaucoup supérieure à celle nécessaire aux pins.

Quant aux produits, je les réglerai, comme dans le cas précédent, sur ce que M. Baudrillart en témoigne.

Il en parle dans deux cas. D'abord, à l'endroit précité de son *Dictionnaire*, il observe qu'en France, l'âge moyen de l'aménagement des futaies et demi-futaies est de soixante-dix ans, et qu'à cette époque le produit en matière est d'un peu moins d'une corde et demie par an, ou environ cent cordes à cet âge de soixante-dix ans.

Plus loin, page 218 de son *Dictionnaire*, il explique que, dans le cas d'un aménagement retardé jusqu'à cent vingt ans, parce que la bonté du sol et les essences de bois concourraient à le favoriser, le produit, à cette époque plus prolongée, serait de deux cordes par an, ou deux cent quarante pour toute la période.

On peut admettre dans ces deux cas, sur-tout dans le second, que les éclaircissemens et les nettoyages à exercer jusqu'à la coupe définitive, rembourseront tant la dépense de la création que les intérêts simples de son montant.

Ainsi, le profit consistera; savoir , dans le cas d'un aménagement en demi-futaie, en six mille pieds cubes de matière pour la solidité de cent cordes de bois, à raison de soixante pieds par corde.

Et dans le cas d'un aménagement en futaie proprement dite, le profit sera de près de quinze mille pieds cubes pour la matière solide de deux cent quarante cordes de bois; mais le profit se fera attendre cent vingt ans à partir de l'époque de la création.

Comparaison de la création d'un bois de pins avec la création d'un bois d'essences feuillues.

Sous le rapport de la dépense, elle peut n'être que de soixante francs l'hectare s'il s'agit du pin de l'espèce maritime, et guère au-delà de cent francs si on fait la création en pins laricios ou en pins du lord. Elle sera intermédiaire pour les pins sylvestres.

En bois feuillus, la dépense serait de huit cents francs.

Pour la rentrée des avances, elle peut avoir lieu, tant en intérêt qu'en principal, dès dix ans à partir de l'époque de la création s'il s'agit de pin maritime, et de douze à quinze ans s'il s'agit des autres espèces de pins.

En bois feuillus, on n'est dans le cas de rentrer dans ses avances que vers quarante ans

Les profits accessoires sont ou nuls ou insignifians avant soixante-cinq ans, s'il s'agit d'un bois taillis, parce qu'arrivé à quarante-cinq ans on peut avoir cent francs par hectare au-delà du remboursement de ses avances; mais il faut attendre une période de vingt ans pour avoir une récolte qui constituera un bénéfice constant. Dans le cas d'une demie-futaie, le profit n'arriverait qu'à soixante-dix ans, et dans le cas d'une futaie proprement dite, ce ne serait qu'à cent vingt ans de la création.

Dans la culture des pins, on entre en profits dès douze, quinze ou dix-huit ans après la création selon les espèces, et à cinquante, cent, cent

vingt ou cent cinquante ans on recueille des produits définitifs.

L'étendue de ces produits est incomparablement plus considérable dans les pins que dans
les bois feuillus. Par exemple, en pins maritimes
on ferait deux récoltes et plus contre une seule
en bois futaie aménagé à cent vingt ans. On aurait par conséquent quatre-vingt dix mille pieds
cubes de matière, outre les profits accessoires ;
tandis qu'en bois futaie on n'aurait que quinze
mille pieds cubes, ou la sixième partie. Et en admettant que la valeur commerciale du bois feuillu
surpasse de moitié celle des bois résineux (1),
l'avantage serait encore de quatre contre un.

---

(1) C'est une concession assez gratuite que d'admettre
cette différence de moitié en sus dans la valeur en argent
du chêne sur les bois résineux : cette différence n'existe
qu'à qualité égale ; mais il est rare que les arbres d'une futaie de chênes aient des dimensions aussi généralement
belles et fortes que celles des arbres résineux. Or, c'est une
circonstance qui influe beaucoup sur la valeur commerciale
du pied cube de bois. Il est également rare que la généralité
des arbres d'une futaie de chênes soient sains dans toute
leur longueur, et qu'ils justifient toujours leur belle apparence ; au lieu que c'est par exception qu'il arrive que les
arbres résineux ne soient pas aussi sains au débitage qu'ils
le paraissent étant sur pied ; autre circonstance, qui, jointe
à l'autre, rétablit la balance et fait disparaître la différence

Si à ce premier avantage on joint celui d'un premier capital vers soixante - dix ans avant de recueillir celui du bois feuillu, il sera plus que triplé par les seuls intérêts simples durant ce long espace de temps. Cette circonstance, jointe à la plus grande quantité de moyens de pourvoir aux besoins de la consommation, et jointe ainsi à la plus grande masse de richesses de travaux qui résultent d'une plus grande quantité de matière, donne la preuve que la culture des pins est si avantageuse dans les localités où il n'y aurait pas à craindre la surabondance de la production, que la différence entre elle et la culture des bois feuillus peut être non pas seulement comme dix sont à un, mais qu'elle peut s'élever à vingt, trente et quarante contre un.

Résultat.

Tout est tellement en faveur des pins sous les

---

de valeur en argent entre le chêne et le bois résineux. Je dis seulement chêne, parce que la valeur du hêtre, qui pourtant figure pour beaucoup dans les futaies d'arbres feuillus, n'équivaut qu'à la moitié de celle du sapin, au témoignage de M. Dralet, qui le prise assez pour en avoir fait l'objet d'un traité *ad hoc* (page 116 de ce *Traité*).

différens rapports de la qualité du sol, qu'il leur suffit pour prospérer :

De la facilité avec laquelle on peut créer les bois de cette essence;

De la modicité de la dépense qu'exige leur création ;

Du terme de la rentrée de cette dépense;

De la hâtivité des produits ou des profits tant définitifs qu'accessoires;

Et de la quantité de ces produits, par conséquent des avantages qu'en retirent non-seulement le propriétaire, mais aussi la société consommatrice et la portion de la société qui travaille.

Tout, dis-je, est tellement en faveur des pins, que, sauf la crainte d'une production en excès et surabondante, il faut conclure de toute cette discussion que tous les intérêts s'accordent à faire désirer que la création des bois de pins et autres espèces résineuses ait lieu dans une proportion décuple des bois feuillus, ou qu'en conservant les espèces feuillues sur tous les sols où elles existent, on n'en crée de nouveaux que pour les besoins assez circonscrits où ils ne peuvent être remplacés par les bois résineux.

CHAPITRE XV ET DERNIER,

OU

CONCLUSION.

La culture des pins, soit par la voie de la création de bois et forêts nouvelles, soit par le repeuplement ou la restauration des bois et forêts actuelles, présente de nombreux avantages.

1°. Cette culture est plus facile que celle de toutes les autres espèces de bois, tant résineuses que feuillues.

2°. Elle est incomparablement moins dispendieuse que la culture des bois feuillus, d'autant plus qu'à dix ou quinze ans non-seulement on est rentré dans ses avances, mais même on est entré en bénéfice.

3°. Elle utilise des terrains impropres à toute autre production.

4°. Elle donne, dans l'espèce maritime, des produits assez hâtifs pour que leur créateur puisse les recueillir personnellement dans toute leur étendue ; et on a pu voir qu'ils sont énormes.

5°. Considérée sous un autre point de vue, la culture des pins a, à un degré éminent, l'avantage de procurer des richesses de travaux en beaucoup plus grande quantité que les autres espèces de bois.

6°. Elle peut, cette culture, plus que celle des autres espèces, procurer l'abondance en bois, et prévenir soit l'insuffisance, soit même la disette dont un grand nombre d'opinions menacent depuis long-temps les générations à venir, chose qui est constante dès-à-présent sur quelques points et pour quelques localités.

7°. Les pins possèdent à un haut degré, les moyens de salubrifier l'air, de regarnir promptement les montagnes déboisées, de rétablir la régularité des saisons, ou au moins d'en diminuer les irrégularités et l'effet des changemens qu'un bon nombre de personnes croient remarquer dans les climats de divers points de la France ; de prévenir la continuation du prompt abaissement des montagnes, les ravages des eaux, etc.

8°. Ils peuvent davantage et plus promptement que les bois feuillus salubrifier l'air et assainir les localités qui éprouvent des besoins sous ce rapport, parce que les arbres futaies

sont éminemment salubrifians, et parce que
les émanations balsamiques des espèces résineuses sont singulièrement favorables à la santé
de l'homme. Ils ont d'ailleurs, comme toutes
les autres essences à feuilles persistantes, un avantage particulier sur les bois feuillus sous le rapport de la salubrité, en ce qu'ils sont en végétation plus ou moins active à-peu-près toute
l'année ; au lieu que les espèces feuillues ne le
sont guère que la moitié de l'année : de manière que sous ce point de vue l'avantage est
en faveur des pins presque comme deux sont
à un.

La culture des pins est un des moyens de devenir riche, puisque le propriétaire de terrains
incultes, de cent arpens parisiens par exemple,
correspondant à trente-quatre hectares plus ou
moins impropres à toute autre production, peut,
par une modique avance de deux ou trois mille
francs, accompagnée de quelques soins, qui de-
viendraient une source de plaisir, se flatter
non pas seulement d'être remboursé de cette
avance et des intérêts vers dix, douze ou quinze
ans, mais de retirer en outre, d'abord des profits assez notables, et ensuite, vers quarante ou

cinquante ans de son entreprise, une richesse millionnaire pour lui, et peut être autant pour ceux que, par la nature même des choses, il se trouverait avoir associés à son énorme et honorable bénéfice; car dans les localités où le prix du pied cube de bois ne serait pour le maître que de vingt sous, son bénéfice personnel devrait excéder quinze cent mille francs.

Mais en s'enrichissant autant et si honorablement, ce serait avec cette différence (dont il appartient plus particulièrement aux belles âmes et à l'homme d'état d'apprécier toute l'importance), sur les moyens ordinaires de s'enrichir, que dans ceux-ci c'est le déplacement des richesses qui nous en procure les avantages, en sorte qu'ordinairement on ne devient riche qu'en ôtant aux autres; tandis que le producteur, tel que le créateur de bois et forêts, devient riche en faisant naître des richesses qui n'existaient pas.

Ainsi, il devient riche, non en ôtant aux autres; il devient riche non pas seul, mais par la nature même des choses il enrichit l'État et ses concitoyens en même temps que lui.

C'est en faisant cette distinction mère, que M. de la Rochefoucauld-Liancourt, page 151 à 153 du tome VI, a dit : « que l'homme qui emploie son temps et ses fonds à mettre en valeur des terres incultes, fait le bien des autres en faisant le sien. Le bonheur d'autrui est un élément de ses succès et de sa fortune; quand son établissement a fait des progrès, la masse des produits que donnent ces terres jadis incultes, devient une vraie richesse pour l'État, une nouvelle masse de ressources pour la société consommatrice et commerçante; c'est pour lui une joie douce, un moyen de bonheur. S'il était bon avant de commencer son entreprise, il est devenu meilleur par les moyens qu'il a employés pour la faire réussir; son cœur est devenu meilleur, seulement par la pensée du bien qu'il a fait; il est plus heureux. »

Il m'est, je ne dirai pas connu, mais évident que ces bons effets accompagnent la culture des bois, parce que c'est une création de richesses utiles à soi, à sa famille, à ses affections et à autrui; que c'est un moyen d'occupation et un moyen de bonheur par les sensations qu'on éprouve à la seule idée du bien qu'on produit. C'est une école de bonnes habitudes, de bonnes mœurs, de bons sentimens et d'élévation dans les idées; c'est l'exercice de toutes les bonnes qualités que nous puisons dans le commerce de la plus belle moitié du genre humain, lorsque

les femmes nous accordent assez d'estime et de
bienveillance pour daigner développer en nous
le germe des bonnes choses que la nature y a
placées, et lorsque nous sommes pénétrés de leurs
avantages si bien décrits par M. de la Rochefoucauld-Liancourt, pages 290 et 291 du tome Ier.
et ailleurs, comme ils l'avaient déjà été par tant
d'autres écrivains distingués par leurs belles
qualités, leurs talens et leur amour pour le bien-
être de leurs semblables, et qui tous ont pro-
clamé cette vérité élémentaire : qu'il n'appartenait qu'aux femmes de donner de l'essor et
du développement aux qualités de l'âme des
hommes.

Enfin, il y a un point de vue sous lequel on
peut envisager la culture des pins, mais qui est
si important en économie politique et en administration, que ce n'est qu'avec circonspection
que je me hasarde d'en parler.

Je veux dire qu'on a été jusqu'à présent généralement dans l'opinion que l'existence des
forêts en France tient à ce qu'elles restent dans
le domaine de l'État, et que leur destruction serait infailliblement la suite de leur aliénation ou
de leur possession par des personnes privées.

Cette opinion repose sur l'expérience du passé et sur cette importante considération, que l'État administre les bois pour leurs produits en matière exclusivement à leurs produits en argent; au lieu que les particuliers ne les administrent que pour leurs produits pécuniaires.

Mais ces motifs sont aujourd'hui bien affaiblis et les choses sont différentes de ce qu'elles étaient dans les siècles passés.

1°. Il résulte du principe des assolemens qu'on ne peut pas se flatter de perpétuer l'aménagement des bois feuillus en état de futaies aussi long-temps qu'on le voudrait : aussi l'Administration elle-même transforme-t-elle en gaulis plusieurs de ses forêts aménagées jusque alors en hautes futaies.

2°. La bonne conservation, le meilleur aménagement et la plus grande quantité des produits des forêts résultent bien, sur quelques points, de leur possession par l'État; mais cela, au lieu d'être universel, d'être même général, ne paraît être au contraire que d'exception, puisque en résultat les produits des bois privés bien administrés sont quadruples et même quintuples de ceux de l'État.

3°. L'Administration s'est d'ailleurs souvent écartée, dans l'exécution, de la maxime de ne considérer les bois et forêts que sous le rapport de leur production en matière. Il lui est arrivé bien des fois de les administrer et d'en user sous le rapport de leur produit en argent; c'est même ce dernier système qui est en vigueur, puisque d'une part on s'est déterminé à en aliéner de grandes parties, et que d'autre part on a placé et qu'on maintient la haute administration des bois et forêts du domaine de l'État dans les attributions du ministère qui est essentiellement financier.

4°. Jusqu'à présent on n'a pas paru croire qu'il fût possible de créer des bois et forêts, ou d'en restaurer d'une manière assez promptement fructueuse pour que les particuliers aient été dans le cas de se livrer à ce genre d'entreprise, comme on l'a vu et comme on le voit pour des desséchemens et pour des canaux, parce que, pour la culture des bois, les connaissances, la pratique et l'industrie sont de beaucoup en arrière des lumières du siècle, comme l'ont observé M. de Buffon, pages 271 et 272, et M. Duhamel, pages 9, 13 et 14 de sa *Préface*.

Mais s'il est vrai qu'on peut, en créant des bois et forêts de pins, ou en restaurant les anciens à l'aide de cette essence tout-à-la-fois hâtive et productive, rentrer promptement dans ses

avances, et se procurer des bénéfices considérables à une époque qui ne serait plus séculaire,
comme on l'a pensé jusqu'à présent, faute d'y
avoir donné suffisamment d'attention : alors il
est hors de. doute que l'industrie humaine se
porterait aussi communément sur la culture
des bois, qu'elle se porte depuis déjà assez long-
temps sur les desséchemens et sur les canaux.
Les particuliers trouvant de grands profits et
de grandes jouissances à avoir des bois propres
à tous les besoins de la société, il n'y aurait
plus sujet de craindre la négligence de leur culture, ni les coupes anticipées, ni la disette, ni
même l'insuffisance pour toutes les sortes de
besoins de l'État, comme pour ceux privés.

5°. Et si la sagesse du trône devait déterminer
l'autorité souveraine à ne pas livrer les besoins
de la marine et de l'artillerie à l'industrie et à
l'intérêt des particuliers, il serait tout simple
que le Gouvernement conservât immuablement
dans ses mains de quoi pourvoir largement à ces
besoins de premier ordre.

On a vu, sur cette grave matière, émettre, dans
ces derniers temps, des idées fort sages et fort
rassurantes.

Elles ont pour objet d'investir, par une mesure législative, irrévocablement la marine et

l'artillerie, et de leur faire une dotation de bois et forêts choisis dans ceux actuels de l'État, en assez grande quantité pour assurer à toujours leur service avec bien plus d'avantages et de sécurité qu'aujourd'hui, puisque la France se suffirait à elle-même et qu'on arriverait naturellement à affranchir les citoyens du droit de préemption des gros bois dont on se plaint si souvent en France, et dans son existence et dans les abus de son exercice.

On les doit à M. le baron de Monville, pair de France, et à M Bonard, directeur des constructions maritimes au port de Toulon. Elles sont insérées dans les *Annales maritimes et coloniales*, rédigées par M. Bajot, chef de bureau au ministère de la marine, pages 31 à 76, 190 à 202, 261 et suivantes, 448 à 459 de l'*Année* 1822, seconde partie; pages 353 à 368 de l'*Année* 1824, aussi seconde partie. A cette dernière époque, M. Noirot prit part à la proposition.

Elles sont d'ailleurs rapportées, et elles ont été discutées par M. Baudrillart, à l'article *Marine* de son *Dictionnaire forestier*, pages 336 et suivantes du tome II.

Mais quelle que soit l'opinion qu'on veuille prendre sur ce troisième point de vue de ma conclusion, j'ai la confiance qu'en tous cas la culture des pins à grandes dimensions paraîtra propre à augmenter les moyens de pourvoir à toutes les sortes de besoins de la société, et à procurer des occasions de devenir honorable-ment riche.

APPENDICE,

JE n'ai pu faire que des essais sur ces importans arbres résineux, mais ils ont été assez répétés; et d'un autre côté j'ai fait à leur égard
depuis quinze à vingt ans des recherches assez
multipliées pour avoir acquis des connaissances
qui pourraient être de quelque utilité aux personnes disposées à les cultiver sur une grande
échelle.

Je vais en parler distinctement l'un de l'autre, parce qu'ils diffèrent trop dans les soins
nécessaires à leur culture, dans leur longévité,
les qualités de leur bois, etc., pour les réunir
sous un seul article.

(311)

CÈDRE DU LIBAN.

Observations générales.

Cette magnifique espèce d'arbre n'est point indigène à l'Europe, comme je vais avoir occasion de le dire; mais elle y a été introduite, et d'abord en Angleterre en 1683, suivant l'opinion commune; c'est même beaucoup plus tôt, d'après un renseignement que je citerai dans un instant. Quant à la France, il paraît constant que le plus ancien sujet est celui du Jardin du Roi à Paris, où il a été planté en 1734.

Jusqu'à ces derniers temps, on ne l'a cultivé en France que comme arbre de décoration et d'agrément.

Mais depuis quelques années on l'a introduit dans les bois et forêts. On l'a aussi introduit par centaines dans quelques grands parcs (1).

______

(1) Dans la forêt de Fontainebleau, gorge des Houx, par les soins de M. de Larminat ; dans le bois royal de Boulogne, au n°. 54 et ailleurs, par les soins de M. d'André, et précédemment le long de la route de *Madame*, par les soins de M. Mabille, inspecteur général des domaines du Roi ; dans le parc de M. Charlet, à Bruyères-le-Châtel, près Arpajon ; dans celui de la Malmaison, près Paris ; dans celui

Les recherches et les visites que j'ai souvent rendues à ces arbres de vénérable mémoire, m'ont donné occasion de connaître ceux de France qui ont les plus belles dimensions, et d'apprécier leur grossissement annuel, chose toujours importante à considérer dans la culture utile et en grand. Cela m'a donné aussi occasion de savoir que, sous ce point de vue, le sujet du Jardin du Roi, quoique le doyen de ceux de France, n'était qu'au troisième rang, sa circonférence à quatre pieds et demi du sol n'étant que de neuf pieds trois pouces, au lieu que celui de M. Duhamel de Fougeroux, arrière-neveu de M. Duhamel-Dumonceau, qui l'a planté neuf ans plus tard à Vrigny, près Pithiviers, a onze pieds deux pouces, et que le sujet de Montigny-Lancoup, près Provins, planté aussi par les soins de M. Duhamel, chez son ami M. de Trudaine, a un pourtour de treize pieds deux pouces.

---

de M. de Chalandray, à Bazemont, près Meulan ; chez M. Guy, à Saint-Germain ; dans les propriétés de M. de Loageril, maire de la ville de Rennes en Bretagne, etc.. etc

En quelle contrée le cèdre du Liban est-il indi-
gène, et en quel pays a-t-il été introduit ?

D'après ce que les auteurs rapportent de cet arbre célèbre, et entre autres M. Loiseleur-Des-longchamps dans le *Nouveau Duhamel*, il n'est indigène qu'à l'Asie ; mais il s'y trouve dans plusieurs de ses vastes parties. Ce n'est pas seulement sur le mont Liban en Syrie, c'est aussi sur le mont Taurus, sur le mont Aman, dans la Sibérie et sur les monts Altaïcks.

Quant à son introduction en Europe, elle ne paraît avoir eu lieu jusqu'à présent qu'en Angleterre, en France et en Autriche.

En Angleterre, cette introduction ne remonterait, d'après Miller, traduit par M. de Tschudy, qu'à l'année 1683 ; mais d'après une note fournie au consulat général de France, à Londres, et que je dois à l'obligeance de feu M. d'André, ce serait environ un siècle auparavant, sous le règne de la reine Élisabeth, qui de ses royales mains aurait planté le premier sujet à *Hurdan*, près Londres.

En France, il paraît constant que le cèdre du Liban n'y a été introduit qu'en 1734 par le sujet qu'on voit au Jardin du Roi, à Paris.

Et pour l'Autriche j'ignore l'époque où il y a
été introduit. Je tiens seulement de M. Noisette
qu'il n'y en a vu qu'un seul sujet dans les jardins de l'empereur, et qu'il est assez âgé, puisqu'il a approximé sa circonférence à douze ou
quinze pieds à la hauteur de quatre pieds au
dessus du sol.

*Terrain, exposition solaire, site et climat qui
conviennent au cèdre du Liban.*

D'après la qualité et la maigreur du sol où
prospère le doyen des cèdres de France, au Jardin du Roi ; également la maigreur du sol du
bois de Boulogne, de la forêt de Fontainebleau,
du jardin de M. Guy, à Saint-Germain ; du sol
crayeux où à la Malmaison les cèdres du Liban
ont par centaines une végétation des plus vi-
goureuses ; d'après aussi la maigreur du sol de
M. Charlet, à Bruyères ; le tuf crayeux, qui, à dix-
huit pouces de profondeur, compose le sol du
jardin de Tivoli à Paris, où douze cèdres végètent fort bien ; d'après, dis-je ces faits, et en considérant qu'à la rivière Thibouville, chez M. le
comte de Revilliase, dont je suis le voisin, les
cèdres du Liban prospèrent dans un terrain
fortement siliceux, il m'est démontré que cette

magnifique espèce d'arbre n'est pas difficile sur la qualité du terrain, et qu'elle s'accommode d'un sol maigre sans même exiger qu'il soit perméable à ses racines à une grande profondeur.

L'exposition du nord me paraît être celle qui convient plus particulièrement au cèdre du Liban, et j'attribue beaucoup à cette exposition septentrionale la végétation ravissante des nombreux sujets d'environ vingt ans d'âge qui sont à la Malmaison.

Les sites élévés me paroissent aussi être ceux qui lui sont plus appropriés; par conséquent les plaines doivent moins lui convenir, et les lieux bas peuvent lui être défavorables. Aussi est-il le dernier degré de la belle végétation sur le mont Liban, comme l'observe M. Loiseleur-Deslongchamps.

Enfin, le climat froid paraît être la patrie du cèdre du Liban, puisque c'est dans les régions froides de l'Asie qu'il est indigène, telles que les hauteurs du mont Liban, la Sibérie, si renommée par l'âpreté de son climat, etc.

Est-il susceptible d'être cultivé en grand, et quels sont les avantages que présenterait sa culture?

Sur le premier point, je ne crois pas qu'on soit assez avancé pour pouvoir répondre soit affirmativement, soit négativement ; car pour cultiver en grand une espèce d'arbre, il est nécessaire qu'elle soit susceptible de semis rustique et à demeure, du moins dans les essences résineuses, puisque leur transplantation ne peut s'exécuter que durant un très-court espace de temps, tel qu'une ou deux semaines dans l'année, à la différence des essences feuillues, qui peuvent être transplantées pendant plusieurs mois ; par conséquent, dans celles résineuses, la culture par la voie de la transplantation ne pourrait se faire que sur une petite échelle.

Mais, d'un côté, le cèdre du Liban est encore si moderne dans nos contrées européennes, qu'il ne peut pas y être aussi acclimaté qu'il pourra l'être plus tard ; et d'un autre côté il est assez reconnu que les arbres exotiques ne s'acclimatent que graduellement : de telle sorte qu'après plus ou moins de temps, ils peuvent prospérer là où d'abord ils avaient peine à végéter. Quant à présent, la chose me paraît être encore incertaine ; et les essais répétés que j'ai faits, en semant rustiquement des graines de cèdre, ne m'ont pas réussi. Je n'en ai obtenu des sujets qu'en semant les graines en pots ou terrines ; mais je suis très-porté à croire que, dans le courant du siècle actuel, il sera assez acclimaté pour être multiplié, comme les mélèzes, les sapins et les pins, par la voie du semis à demeure, sinon au même degré de facilité, du moins à un degré qui en approche.

Sur le second point, on peut dire que, comme arbre d'agrément et de décoration, les avantages du cèdre du Liban sont aussi éminens qu'ils sont incontestables, et je ne doute pas que sous ce point de vue sa culture ne continue d'être encourageante.

Mais sous le rapport économique et de la spéculation, on peut douter encore aujourd'hui qu'il y ait de l'avantage à le cultiver en grand, comme il y en a constamment à l'égard des mélèzes, des pins du lord, des pins laricios, sylvestres et maritime, ainsi qu'à l'égard des sapins : 1°. parce qu'on ne peut pas encore le cultiver aussi rustiquement que ces diverses autres espèces; 2°. parce que son âge de maturité paraît être à trop long terme pour qu'il puisse offrir à la spéculation les mêmes avantages que ces espèces, nonobstant qu'il ait sur elle la supériorité des dimensions, du moins en grosseur; 3°. et que son bois ne paraît pas, sous le double rapport des qualités et de la beauté, avoir sur les autres espèces résineuses suffisamment d'avantages pour racheter la nécessité de l'attendre probablement plusieurs siècles pour donner tout le profit dont il est susceptible à la postérité de celui qui en créerait des bois et forêts. Toutefois, comparé aux bois feuillus, même au chêne, j'incline à croire qu'il arrivera une époque où sa culture sera préférable à ce roi de nos forêts actuelles, comme je l'observerai en parlant de son âge de maturité.

Le cèdre du Liban est-il traçant, ou au contraire est-il pivotant?

Il m'a paru être l'un et l'autre lorsqu'il est élevé par la voie si peu usitée et si difficile à son égard, du semis à demeure; mais les sujets qu'on possède en Europe ayant subi une ou plusieurs transplantations, les racines pivotantes y doivent être affaiblies.

Au surplus, le cèdre du Liban a, comme les pins laricios, ordinairement deux grosses racines de côté qui rivalisent de force avec les racines pivotantes, et qui comme elles plongent en terre, mais à quelque distance de la tige. Outre ce que j'en ai vu dans de très-jeunes sujets, et ce que j'en ai appris d'autrui, j'ai pu le voir au mois d'octobre 1825 sur un des douze sujets, âgés d'environ cinquante ans, du jardin Boutin ou de Tivoli, à Paris. Ce sujet, qu'on a judicieusement préféré déraciner plutôt que de le couper à taille blanche, se trouvait encaissé dans un trou de six pieds où il avait été originairement placé ; mais la couche inférieure de terre étant infertile et imperméable, sa racine pivotante, après être parvenue au fond de ce trou, remontait et devenait traçante. Elle était faible, probablement à cause de cette circonstance, au lieu que celles de côté, sur-tout deux, se trouvaient d'une très-grande grosseur ; mais n'ayant pu plonger en terre, elles s'étendaient fort loin sur le côté à l'aspect du nord, presque à fleur de terre, parce que la couche végétale étant moindre de dix-huit pouces, elles remplissaient pour ainsi dire cette épaisseur par leur diamètre.

Il doit résulter de cette double circonstance de racine pivotante et de grosses racines de côté, que si elles n'étaient point affaiblies par des transplantations répétées en pépinière, le cèdre du Liban se trouverait être d'une transplantation assez difficile dans la culture en grand.

Et si on pouvait conclure d'une manière générale de l'exemple isolé que je viens de citer, il arriverait que ce bel arbre pourrait prospérer dans un sol qui n'aurait qu'un à deux pieds d'épaisseur; car la végétation du sujet de cet exemple était satisfaisante, et celle des onze autres l'est également.

Cas de semis à demeure. Quantité de graines à employer par hectare.

J'ai pu vérifier, par le don qu'a eu la bonté de me faire, en juillet 1824, M. Duhamel de Fougeroux, arrière-neveu de M. Duhamel, et possesseur à Vrigny des beaux cèdres de son grand-oncle, comme à Denainvilliers M. son frère l'est des autres, d'une grande quantité de graines de cèdre du Liban, que, dépouillées de leurs ailes, il s'en trouvait environ dix mille à la livre ancienne de seize onces, comme au pin maritime et au blé.

Ainsi, lorsqu'on sera arrivé à pouvoir en faire des semis à demeure, il faudra trente à quarante livres pesant de graines pour ensemencer un hectare en plein; ce qui ferait trois à quatre graines par pied superficiel.

Cas de transplantation. Quantité de sujets nécessaire pour planter un hectare.

Les grandes dimensions du cèdre du Liban exigent qu'il soit largement espacé.

D'un autre côté, pour qu'il file et qu'il soit élevé proportionnellement à sa grosseur, il a, comme tous les arbres et plus particulièrement les résineux, qui, n'ayant que des aiguilles et non des feuilles, offrent moins de surface ; il a, dis-je, besoin de se trouver dans un état serré, du moins durant sa jeunesse, qui se prolonge d'autant plus, que sa maturité est plus long-temps à arriver.

J'estime qu'un espacement de dix pieds en tous sens serait convenable non - seulement au moment de la plantation, mais jusqu'à cinquante ans et plus. Alors seulement on agrandirait l'espacement en proportion du besoin, par un éclaircissement comme pour les mélèzes, les pins et les sapins.

Mais au début, cet espacement serait évidemment trop grand. Il faudrait donc accompagner les cèdres d'un plus grand nombre d'arbres, tels que des bouleaux, comme M. de Larminat, conservateur de la forêt de Fontainebleau, l'a si judicieusement fait pour les deux cent cinquante sujets qu'en 1820 il a fait transplanter dans la gorge des Houx ; ou bien ce seraient des pins qui, comme les bouleaux, serviraient d'abord de protecteurs aux cèdres, et qui leur seraient ensuite successivement sacrifiés.

Si c'étaient des bouleaux qu'on transplantât, il faudrait les espacer à trois pieds, de telle façon que sur la ligne des cèdres, il y aurait deux bouleaux entre, et que dans l'intermédiaire des lignes il y en aurait parallèlement deux en bouleaux ; ce qui en exigerait dix mille par hectare.

Mais si c'étaient des pins, il faudrait aussi employer la voie de la transplantation, parce que, s'agissant tout-à-la-fois de procurer de l'abri aux très-jeunes cèdres, et de tenir ceux-ci dans un état serré, il serait nécessaire de leur donner des compagnons capables d'attirer l'humidité et de garantir du hâle, choses qui se feraient attendre plusieurs années si on se bornait au semis des pins. En ce cas, il faudrait adopter pour les pins, ou l'espacement semblable aux bouleaux, ou l'espacement de cinq pieds. Pour celui-ci, il n'y aurait qu'un sujet intermédiaire entre les cèdres, tant sur leur ligne que sur leur côté, par conséquent il n'en faudrait, dans le second cas, que moins de quatre mille.

En admettant pour les cèdres l'espacement à dix pieds en tous sens, il en faudrait un millier par hectare.

A quel âge le Cèdre du Liban donne-t-il des graines fertiles ; époque de la récolte de ses cônes, et quantité de graines qu'on obtient de chacun.

Il paraît que c'est de trente à quarante ans seulement que le cèdre du Liban donne des graines fertiles ; car, quoique Miller, pages 83 et 85, apprenne que ce n'est qu'à cinquante et un ans que deux des quatre cèdres plantés en 1683 au jardin de Chelséa, près Londres, ont donné des graines fertiles , je vois M. Loiseleur-Deslongchamps parler de vingt - cinq à trente ans à la page 304 ; et sur-tout M. Duhamel nous apprend, aux pages 56 et 347, en avoir obtenu de ses propres sujets à l'âge de trente-cinq ans.

Le cèdre du Liban a cela de particulier qu'il fleurit à la fin de l'été ou au commencement de l'automne. Cependant M. Duhamel de Fougeroux m'a observé avoir remarqué des variances à l'égard des fleurs femelles. On croit souvent que la maturité des graines arrive dès la fin de l'année suivante, et ordinairement on les récolte alors, c'est-à-dire quinze mois au plus après la floraison , pour que le commerce en puisse fournir aux amateurs dès le mois de janvier. M. Loiseleur - Deslongchamps, précité, paraît persuadé de cette maturité précoce sans toutefois discuter la chose ; M. Baudrillart le dit aussi dans son *Dictionnaire* sans plus de discussion ; mais je crois que c'est une erreur absolue, et que sa maturité n'arrive qu'un an plus tard, c'est-à-dire deux ans et demi après la floraison. Non-seulement cela m'a été observé par de vieux jardiniers ; mais en ayant référé à M. Bosc, il m'a confirmé dans cette opinion, et M. Duhamel de Fougeroux, qui, dans sa terre de Vrigny , provenant de M. Duhamel, a depuis long-temps des moyens d'observer ce fait de science, m'a appris avoir remarqué que ce n'est que lors des chaleurs du printemps de la troisième année, que les cônes restés sur ses cèdres répandaient naturellement leurs graines comme les pins maritimes, sylvestres et laricios le font au second printemps d'après celui de leur floraison.

Aussi les graines récoltées ainsi prématurément ne sont-elles pas entièrement formées ; leur enveloppe n'est alors que ridée sans être totalement pleine. Ce qu'elle renferme est souvent liquide ; au lieu que la graine récoltée la troisième année est formée ; son enveloppe est totalement pleine, et l'amande se montre en dehors à son extrémité.

Pour les personnes qui auraient des doutes, il suffirait de comparer les deux graines pour cesser d'en avoir.

Cela explique pourquoi il y a tant de fonte au semis, et pourquoi probablement il y a dans cette magnifique espèce des sujets qui semblent dégénérer.

Il peut être utile de savoir ce que chaque cône de cèdre donne ordinairement de graines, parce qu'en sachant le nombre des pommes qu'on possède, on a le moyen d'approximer la quantité de graines qu'on en retire. Or, d'après ce que Madame de Denainvilliers, arrière-petite-nièce de M. Duhamel-Dumonceau, a eu la bonté de me gratifier de pommes cueillies sur ses sujets, ainsi que M. Duhamel de Fougeroux, je suis en état de dire qu'en petits cônes c'est, à terme moyen, cinquante graines, et qu'en gros cônes c'est soixante-dix : en sorte qu'il faut deux cents pommes des premières pour obtenir une livre pesant de graines, comme il suffit de cent cinquante des secondes, ou, en d'autres termes, qu'il en faut cent soixante-dix si ce sont des pommes de grosseur mélangées.

A quel âge parvient-il à maturité ou à tout son accroissement ?

On n'est probablement pas assez avancé dans la culture du cèdre du Liban pour avoir à cet égard des idées fixes et positives.

D'après ce que rapporte d'une manière fort circonstanciée M. Loiseleur - Deslongchamps , pages 3o1 et 3o2, il paraîtrait que ce n'est qu'à quelques centaines d'années, mais sans en déterminer le nombre.

Un sujet dont je possède deux échantillons composés d'un tronçon de sept pieds et demi de circonférence, et d'un fragment de planche de deux pieds de longueur, provenant de l'envoi que M. le duc de Devonshire fit, par les soins obligeans de M. Séguier, à feu M. d'André, qui eut la bonté de m'en faire remettre la plus forte portion, sous le bienveillant prétexte qu'il les avait sollicités pour moi ; ce sujet, dis-je, annonce quatre-vingt-dix à cent ans d'âge, mais paraît être encore bien éloigné de celui de sa maturité, car il n'a que moitié au plus de son bois qui soit converti en cœur.

Il est vrai qu'on pourrait objecter la possibilité que le cèdre du Liban ait le désavantage d'avoir beaucoup d'aubier, et par conséquent rejeter la conséquence que je viens de déduire ; mais il paraît invraisemblable qu'à toute sa maturité il ait beaucoup d'aubier, parce que je tiens de l'obligeance de M. Gillet de Laumont une bille d'un sujet de quarante ans, dont le bois est tout aubier; ce qui me semble offrir la preuve que ce n'est qu'après ce dernier âge qu'il se forme du bois parfait, ce qui donnerait lieu de penser qu'il n'arrive à maturité qu'âgé de quelques siècles, puisqu'il est avéré que, dans le mélèze, dont le bois est très-coloré à mesure qu'il approche de sa maturité, il est néanmoins entièrement blanc dans sa jeunesse.

D'ailleurs, l'âge d'environ trente-cinq ans auquel le cèdre du Liban donne des graines fertiles, pourrait être considéré comme indicatif de sa grande longévité, et servir à donner une idée du laps de temps nécessaire à sa maturité, comme j'ai eu occasion de le dire pour les pins laricios et pour le pin Veimouth. Par analogie avec l'âge où le pin maritime et les pins sylvestres donnent des graines fertiles, et celui où ils sont mûrs, on pourrait croire que l'âge de maturité du cèdre est de deux à trois cents ans, comme le chêne situé sur un sol riche.

Si cela était, et que la qualité du bois de cèdre

pût rivaliser avec celle du bois de chêne, il y aurait un avantage bien positif à lui donner la préférence lorsqu'il sera devenu cultivable en bois et forêts, non-seulement parce qu'il n'exige pas un bon sol comme il en faut aux chênes séculaires, mais aussi et principalement parce qu'il contient une bien plus grande quantité de matière.

Cet avantage du cèdre sur le chêne existerait même dans le cas où on voudrait les considérer dans un âge moins avancé, à cent cinquante ans par exemple, terme où, en général, on peut avoir de beaux et de bons chênes dans les terrains suffisamment bons, car l'accroissement du cèdre, et par conséquent la quantité de la matière qu'il fournit étant trois ou quatre fois plus considérable que dans le chêne, comme je vais avoir occasion de le dire, on aurait en cèdre le triple et le quadruple de ce qu'on obtiendrait du chêne. Cette remarque fort grave a été faite par M. le baron de Monville, dans la discussion du projet de dotation en faveur de la marine et de l'artillerie, dont j'ai parlé au Chapitre XV, qui précède, et je m'autorise de cette circonstance pour donner plus de poids à ma réflexion.

*Quelles sont les dimensions du Cèdre du Liban
en grosseur et en hauteur ?*

En hauteur, il paraîtrait, d'après ce que rapporte M. Loiseleur-Deslongchamps, page 303, que les dimensions du cèdre sont considérables ; mais je ne connais rien de précis sous ce point de vue, et la culture de ce bel arbre n'est point encore assez avancée en Europe pour avoir une opinion fixe sur la hauteur où moyennement il parvient lors de tout son accroissement. D'ailleurs, les sujets un peu âgés de France et d'Angleterre, n'ayant guère été placés qu'isolément et non en massifs, on n'a pas été en état de juger de ce que, comparativement aux mélèzes, aux sapins et aux pins dont il y a de grandes masses, le cèdre pouvait avoir généralement de hauteur en croissant, comme eux, dans un état serré.

Si on jugeait de cette hauteur par ces sujets isolés, il faudrait dire qu'elle n'est pas proportionnée à leur grosseur. Le sujet planté en Angleterre par la reine Élisabeth, et un autre cité dans la note qui accompagnait le don de M. le duc de Devonshire, ne s'étaient élevés, l'un qu'à soixante-dix pieds, et l'autre seulement à quarante-cinq pieds. D'un autre côté, ceux que je connais en France n'excèdent pas en hauteur ou excèdent peu quatre-vingts pieds. A la vérité, ils peuvent être à moins de moitié de leur âge de maturité, et ils doivent augmenter d'élévation d'ici à cette époque.

Il paraît, au surplus, que la croissance annuelle en hauteur est satisfaisante, du moins durant l'âge adulte, car M. le vicomte Héricart de Thury ayant eu l'obligeance de faire vérifier sous ses yeux, au mois d'août 1825, la hauteur de trois des sujets qu'il possède à Thury, et provenant des semis faits par M. son père en 1780, il en est résulté que l'élévation annuelle et moyenne de ces trois sujets a été de seize pouces.

En grosseur, l'avantage des cèdres du Liban me paraît certain et considérable, comme on en peut juger par un certain nombre de ceux de France.

Je ne me prévaudrai pas pour cela de ce que M. Loiseleur-Deslongchamps et les autres auteurs rapportent à cet égard des cèdres du mont Liban et de la Sibérie, ni de ce que M. de Poiderlé rapporte de certains sujets d'Angleterre, en disant, pages 38 et 153, avoir fait mesurer des sujets de quatre-vingts ans, et leur avoir trouvé quinze et seize pieds de France en circonférence. Je me bornerai aux anciens sujets qui, à ma connaissance actuelle, existent en France depuis l'année 1734, parce que leur grosseur moyenne est propre, ce me semble, à donner une opinion de la dimension qu'on peut assigner aux cèdres sous ce rapport.

Or, les seize sujets que je connais et qui sont âgés de quarante à quatre-vingt-cinq ans, donnent un âge commun de soixante – quatre ans. Leur circonférence, à trois et à quatre pieds au-dessus du sol, est, à terme moyen, de sept pieds sept pouces ; ce qui donne un grossissement annuel de dix-sept lignes ou de cinq lignes deux tiers en diamètre : tandis qu'il est constant depuis long-temps que dans le chêne ce n'est que deux à trois lignes ; ce qui, à cause du carré des diamètres, établit en faveur du cèdre un avantage énorme, puisqu'il est comme trois à quatre sont à un.

Les trois sujets de M. le vicomte Héricart de Thury, dont il a si obligeamment pris les dimensions, justifient ce résultat, puisque leur grossissement annuel a été de vingt lignes en circonférence, ou six lignes deux tiers en diamètre.

Je crois bien que l'état d'isolement où ont été ces sujets a pu leur procurer plus de grosseur ; mais, tout en ayant égard à cette circonstance,

le grossissement serait encore bien considérable.
Ce qu'il en faudrait retrancher serait à ajouter,
du moins en partie, à la hauteur; par conséquent, en trouvant à diminuer de la quantité de
matière sous un rapport, il y aurait à en ajouter
sous un autre.

*Enfin, quelles sont les qualités de son bois, les
emplois dont il est susceptible, la proportion
de son aubier, sa résine, le poids du bois et
son odeur?*

1°. M. Duhamel était disposé à croire son bois
fort bon, même à admettre son incorruptibilité :
c'est page 56 qu'il exprime cette double opinion.

Mais M. Varennes de Fenille, pages 227 et 228
de la seconde partie de ses *OEuvres*, en trouvait
le grain un peu lâche. Il voyait peu d'apparence
qu'il fût aussi fort et aussi incorruptible qu'il en
avait la réputation.

De son côté, M. Loiseleur - Deslongchamps,
page 303, en disant aussi que le grain du bois
de cèdre est lâche, ajoute qu'il est sujet à se
fendre par la dessiccation ; ce qui fait qu'il tient
mal les clous et que Pline l'avait déjà dit. Il
ajoute que M. Pallas, en parlant des cèdres de
Sibérie, dont les couches ligneuses sont plus

rapprochées , trouvait leur bois plus tendre et moins solide que ceux du pin et du mélèze. Finalement il dit que sir Lambert regarde le bois du cèdre du Liban comme inférieur à celui du sapin , et qu'il en parle ainsi après avoir vu une table faite avec un des plus gros cèdres d'Angleterre.

Miller , traduit par M. de Tschudy , rapporte, page 89, comme ayant été dit , que le bois du cèdre du Liban est très-sec de sa nature , qu'il se fend aisément , qu'aussi ne peut-on guère y enfoncer de cloux; ce qui fait qu'on l'estime particulièrement pour les ouvrages où il n'en faut pas.

2°. D'après les fortes dimensions de ce bel arbre , son bois pourrait être employé aux constructions maritimes et dans la grande charpente. Pallas , à ce que rapporte M. Loiseleur-Deslongchamps, dit même qu'il pourrait fournir d'excellentes mâtures , parce qu'en Sibérie il est très-élevé ; mais cet emploi , conseillé par la légèreté du bois , ne pourrait avoir lieu en Europe qu'autant que, par la culture en bois et forêts , on se procurerait des sujets beaucoup plus élevés que ceux existans jusqu'à présent en Europe. D'ailleurs, M. Baudrillart rapporte avoir entendu dire à un officier forestier russe qu'on n'avait pas pu utiliser pour les constructions navales les forêts de cèdres qui existent en Russie, au 57°. degré de latitude.

Du reste, je ne doute pas qu'il puisse être employé en menuiserie et en ébénisterie. J'en possède de petits objets de bureau formés avec des branches provenant des sujets de M. de Chalandray, qui m'en a gratifié, et qui donnent de son bois aubier une idée avantageuse ; mais en menuiserie il reste à déterminer ses avantages comparativement à d'autres bois, et il est peut-être encore trop moderne en France pour qu'on en ait pu prendre une opinion sous ce rapport.

Et pour celui de ses emplois dans les constructions civiles et maritimes, on n'a pas non plus d'expérience qui puisse faire juger du rang qui lui appartient dans ces emplois de haut service, par comparaison avec le chêne, le mélèze, les pins et les sapins. Du moins on n'a, pour les emplois maritimes, que l'expérience qui a été citée à M. Baudrillart.

3°. Quant à la proportion de son aubier, il faudrait être plus avancé qu'on ne l'est dans sa culture pour en pouvoir juger ; il faudrait avoir à sa disposition un certain nombre de sujets parvenus à toute leur maturité pour apprécier cette proportion, et les sujets de France sont

encore trop jeunes pour éclaircir ce point de
science. J'ai bien dit que les deux échantillons
de M. le duc de Devonshire, de quatre-vingt-dix
à cent ans, offraient en aubier au moins moitié
de leur matière; mais j'ai observé que le sujet
dont ils étaient tirés paraissait loin·d'être par-
venu·à toute sa croissance.

Au surplus, ce que je possède de cet arbre
vénérable me porte à croire que son aubier a
des avantages qui lui sont particuliers, tels que
d'avoir de la souplesse, d'être doux au toucher
comme les bois satinés, d'avoir des veines d'une
grande beauté, toutes choses qui doivent donner du prix à l'aubier, à cause des emplois avantageux qu'on en ferait, notamment en menuiserie.

4°. Relativement à la résine, voici ce qu'en
dit M. Loiseleur-Deslongchamps, pages 3o3 et
3o4 : « Les produits résineux du cèdre sont peu
connus et nullement employés en France. Il
découle des fentes de son écorce une sorte de
térébenthine peu différente en apparence de
celle du mélèze. Les anciens croyaient que cette
résine n'était propre qu'à faire de la poix, c'est
au moins le sentiment de Pline. »

5o. A l'égard du poids, il paraît certain qu'il
est très-faible.

En effet, M. Varennes de Fenille a vérifié

sur un échantillon qui n'était pas encore entièrement sec, qu'il n'était que de vingt - neuf
livres quatre onces cinq gros le pied cube.

M. Madiet, directeur des pépinières royales
de Lyon, en exprimant une opinion avantageuse
du bois du cèdre, dit lui avoir trouvé le poids
d'environ trente-six livres anciennes en état de
dessiccation (*Annales d'agriculture*, pages 57 et
58 du tome XXXI, seconde série).

De mon côté, j'ai vérifié, par le pesage de six
parallélipipèdes levés sur l'un des deux échantillons de M. le duc de Devonshire, résultés
d'un sujet abattu en janvier 1825, qu'en mai
suivant, le poids du cœur était de trente - six
livres anciennes ; qu'en bois mélangé d'aubier,
c'était trente - neuf livres. Le nouveau pesage
que j'en ai fait en novembre même année, m'a
donné trente-quatre livres quatorze onces pour
le bois du cœur, et trente-six livres pour l'autre.

Mais j'observe que cette grande légèreté du bois
de cèdre n'exclut pas l'excellence de sa qualité ;
car M. Michaux nous apprend que celui du ci-
près à feuilles de thuya est tendre et léger (M. Madiet, précité, dit, page 39, avoir vérifié que son
poids est de trente-trois livres) , et que néanmoins il est l'un des meilleurs bois de l'Amérique
septentrionale ; que, dépouillé de son aubier ,

il résiste plus long-temps qu'aucun autre aux alternatives de la sécheresse et de l'humidité.

6°. Enfin, l'odeur du bois de cèdre du Liban, à en juger par celle qui s'exhale des deux échantillons que je possède, est très-fine, très-douce et très-agréable ; elle n'est ni forte ni pénétrante comme celle des pins et des sapins dans les premiers temps du débitage de leur bois, et par conséquent bien moins que celle du genévrier de Virginie, ou cèdre rouge.

MÉLÈZES.

Observations générales.

Les avantages de la culture des mélèzes sont si constans, si nombreux et si considérables, qu'il n'y a pas à hésiter de s'y adonner, même de leur donner la préférence sur les pins et les sapins, dans toutes les localités où cette précieuse espèce résineuse pourrait prospérer.

On se persuadera facilement tous ces avantages, en considérant l'excellence du bois des mélèzes ; c'est un bois de fer.

Il est propre à tous les emplois, et notamment à ceux de haut service.

La végétation des mélèzes est singulièrement accélérée, et nonobstant la dureté de leur bois ils arrivent à maturité plus tôt que les sapins, plus tôt même que les pins sylvestres, autres peut-être que celui de Riga.

Ils ont d'ailleurs des dimensions très-avantageuses en hauteur et en grosseur.

Enfin, leur culture est aussi facile que celle des pins sylvestres, par conséquent on en peut aisément créer des bois et des forêts.

Mais il paraît que, pour prospérer définitivement, les mélèzes ont besoin d'être placés dans des lieux très-élevés au-dessus du niveau de la mer, et que leur végétation dans les endroits peu élevés cesse à un certain âge après avoir été jusque-là très-satisfaisante.

Aussi je regrette que le sol où je cultive, en Normandie, soit trop peu au-dessus du niveau de la mer pour que j'aie pu me flatter d'un succès définitif dans la culture en grand des mélèzes, d'autant plus que dans mon voisinage, chez MM. de Ribard et de Revilliase, je vois en assez grande quantité des mélèzes d'environ quarante ans, dont la végétation n'est pas satisfaisante et qui ne se reproduisent pas par le semis naturel comme cela arrive chez eux aux pins et aux sapins.

Mais pour m'instruire sur leur culture, j'en ai fait, aux printemps 1811 et 1815, des semis à demeure et aussi rustiques que ceux de pins maritimes et de pins sylvestres. Ils ont si bien réussi que je ne doute pas de la facilité de leur culture en bois et forêts, et j'ai souvent besoin de me rappeler ceux plus âgés de mon voisinage, pour m'attendre à la cessation de la belle végétation de mes semis, et pour ne pas éprouver de regrets de m'être défendu de leur culture en grand.

La France a l'avantage de les avoir indigènes dans quelques-unes de ses parties. Ils le sont aussi à la Suisse et aux autres parties alpines, à quelques parties de l'Italie, à beaucoup de parties de l'Allemagne, et encore plus de la Russie; mais l'Angleterre, qui en était privée, s'en trouve déjà riche, et il paraît qu'elle touche au moment de l'être assez pour suffire à une notable portion des besoins en bois de son immense marine royale et marchande. Ce n'est pourtant qu'en 1734 ou 1738 que cette précieuse espèce d'arbres y a été introduite, et déjà on en construit des bâtimens de guerre et des bâtimens de commerce. C'est, à ce qu'il paraît aussi, chez M. le duc d'Atholl en Écosse, que cette introduction a eu lieu, et ça été en sujets tirés des Alpes;

car d'après M. Knowles que j'ai cité dans le *Traité*
qui précède, les mélèzes de Russie et d'Amérique
n'ont pas prospéré en Angleterre.

C'est en appréciant les mélèzes à toute leur
importance pour les besoins de la marine fran-
çaise, que M. le baron de Monville, qui, en sé-
journant dans le Valais, avait eu occasion d'ad-
mirer leurs belles dimensions, comme d'étudier
et d'apprécier la qualité et les propriétés de
leurs bois; c'est, dis-je, en appréciant cette importance, que M. de Monville eut en 1798 le rare
dévouement d'aller de sa personne en chercher
douze belles tiges dans ce pays du Valais, de les
accompagner sur le Rhône et de les faire parvenir au port de Toulon, où ils furent l'objet de
plusieurs examens et de plusieurs procès-verbaux des officiers maritimes. Nonobstant le résultat favorable de ces examens et du contenu de
ces procès-verbaux, le personnel de la marine
changea assez brusquement et assez souvent
pour qu'on n'y ait donné aucune suite, et pour
que le louable élan de M. de Monville n'ait point
eu les bons effets qu'il pouvait s'en promettre,
mais qui ne tarderont probablement pas à se
réaliser, parce que les avantages immenses que
l'Angleterre retirera de ses mélèzes vers un siècle
de leur introduction en Écosse, par conséquent

très-prochainement, ouvriront nécessairement les yeux sur le parti que la France peut également en tirer.

Outre les mélèzes d'Europe, il y a celui de l'Amérique; jusqu'à présent il n'a point été acclimaté dans l'ancien Continent. D'après l'opinion avantageuse qu'en donne M. Michaux, on doit d'autant plus regretter d'en être privé, qu'il prospère dans les lieux bas comme dans ceux élevés.

D'après ces observations et au moyen de ce que j'y ai indiqué, les contrées où les mélèzes sont indigènes, et le pays d'Europe où, à la suite de leur introduction dans le siècle dernier, ils y sont en grand honneur, je me bornerai à examiner brièvement et successivement :

S'il y a en Europe plusieurs espèces ou variétés de Mélèzes.

On croit généralement qu'il n'y en a qu'une seule, et que la couleur de son bois est rouge lors de la maturité de l'arbre; que l'aubier seul, d'ailleurs de peu d'épaisseur, est de couleur blanche, et que cette dernière couleur ne se trouve être totale que dans les jeunes sujets, parce que jusqu'à un certain âge leur bois est tout aubier.

Mais Miller et M. de Tschudy, et d'après eux M. de Perthuis père, croient qu'en Europe il y a deux espèces ou variétés de mélèzes, dont l'une est à bois rouge et l'autre à bois blanc. M. de Poederlé, qui admet les deux couleurs et qui croit celle blanche avoir le bois un peu inférieur au rouge, incline à attribuer cette différence de couleur à l'effet du sol.

Cependant M. Knowles, à qui on doit, dans son ouvrage traduit en français par ordre du ministre de la marine, des connaissances de fait sur les belles et importantes créations de bois de mélèzes de M. le duc d'Atholl, en Écosse, dit formellement qu'il s'en montre des deux couleurs.

D'un autre côté, ayant été, le 5 mai 1823, visiter les arbres du parc de Noailles, à Saint-Germain-en-Laye, où on venait de couper bon nombre des sujets que M. le maréchal de Noailles et M. Lemonnier, premier médecin du roi, s'étaient plus à y introduire, j'examinai particulièrement les mélèzes de six à dix pouces de diamètre, qui étaient coupés, et sur environ cinquante dont les tiges étaient gisantes à terre, j'en trouvai deux dont le bois était blanc dans sa totalité; tandis que dans toutes les autres, qui paraissaient du même âge, le bois était fortement rosé, à la seule exception de celui sous l'écorce, qui se trouvait blanc.

Terrain, exposition solaire, site et climat propres aux Mélèzes.

Il n'est pas révoqué en doute que les mélèzes d'Europe prospèrent dans les terrains très-maigres, quoique probablement pas au même degré que les pins. Au surplus, chez moi, où le sol est excessivement maigre et siliceux, la végétation des sujets résultés de mes semis rustiques et à demeure autoriserait à croire qu'ils peuvent supporter les mauvais sols aussi avantageusement que les pins.

L'exposition nord est indiquée comme celle qui convient aux mélèzes, et cela doit être, puisque c'est un arbre des pays froids et des hautes montagnes. Il paraît même que cette exposition solaire est indispensable à leur prospérité; car M. le baron de Monville, lorsqu'il était dans le Valais, a été souvent frappé du contraste que les mélèzes offraient dans leur végétation, ceux du revers méridional de la vallée présentant son aspect au nord étaient d'une végétation ravissante; tandis que ceux en face, mais sur le revers à l'exposition du midi, se trouvaient presque rabougris.

Cependant mes jeunes sujets prospèrent à une exposition sud-ouest très-prononcée; mais cette prospérité s'arrêtera probablement lorsque, devenus plus âgés, ils pourront avoir besoin d'une nourriture aérienne plus froide et plus rude.

Aussi me paraît-il bien constant, à l'égard des mélèzes d'Europe, qu'un site très-élevé et un climat très-âpre leur sont nécessaires. Dans les montagnes de la Provence et du Dauphiné, dans les Alpes et par-tout ailleurs, les mélèzes se trouvent toujours placés dans la région supérieure, et au-dessus d'eux il n'y a plus de végétation, du moins en arbres. En Écosse, chez M. le duc d'Atholl, c'est à deux cents toises ou douze cents pieds au-dessus du niveau de la mer que les mélèzes croissent extrêmement bien ; tandis que pour les vigoureux sapins écossais, le climat est si rude qu'ils ne peuvent pas y élever leur tête.

Si les Mélèzes sont susceptibles d'être cultivés en grand, et quels sont les avantages de leur culture.

D'après ce que j'ai dit, il y a un moment, il

est avéré pour moi, d'une part, que les mélèzes sont aussi faciles à cultiver en grand ou en bois et forêts, que le sont les pins maritimes et syl-vestres, et d'autre part que les avantages de leur culture sont immenses pour le maître, pour la société et pour l'État.

Si les Mélèzes sont traçans ou au contraire pivotans.

Il y a de l'utilité à être fixé sur ce point de fait, pour le cas de semis à demeure comme pour ce-lui de la transplantation, puisque si cette pré-cieuse espèce était pivotante au degré du pin maritime, on ne pourrait la faire prospérer que dans des sols profonds, et que sa transplanta-tion, lorsqu'on n'emploierait point la voie du semis à demeure, serait plus difficile.

D'après M. de Burgsdorf, les mélèzes ont des racines tout-à-la-fois traçantes et pivotantes, mais à un moindre degré que le pin sylvestre d'Alle-magne. Ce que j'en ai étudié sur les sujets que j'ai fait extraire de mes semis à dix ans d'âge, est assez conforme à cette opinion, et j'en con-clus, d'une part, qu'une profondeur de deux à trois pieds perméables aux racines est suffisante dans la culture des mélèzes, et, d'autre part, que la transplantation des jeunes plants n'est pas plus difficile que celle des jeunes pins sylvestres.

En cas de semis à demeure, quelle quantité de graines faudrait-il par hectare ?

Ce doit être trois kilogrammes ou six livres anciennes, comme pour les pins sylvestres, parce que je me suis assuré depuis long-temps que le nombre des graines était à-peu-près le même dans une livre pesant de l'un et de l'autre. Mais j'observe que les mélèzes, qui n'existent guère que comme arbres d'agrément dans le climat de Paris, n'y donnant que rarement des graines fertiles, comme l'atteste M. Bosc, page 241 du tome VIII; il importerait beaucoup de s'assurer de la bonté de celles qu'on emploierait si on n'était pas certain qu'elles proviennent des contrées où les mélèzes sont assez acclimatés pour se reproduire d'eux-mêmes sans l'industrie de l'homme.

En cas de transplantation, quelle quantité de sujets conviendrait-il d'employer par hectare?

En Angleterre, il paraît qu'on est dans l'usage

de créer les bois et forêts de mélèzes par la voie
de la transplantation, et non par celle du semis
à demeure; mais c'est en jeunes sujets de deux
ou trois ans de semis en pépinière. Cette grande
jeunesse oblige à en employer un plus grand
nombre que s'ils avaient cinq à six ans. Aussi
M. Knowles nous apprend-il que chez M. le
duc d'Atholl, ce sont deux milliers de jeunes
mélèzes de deux ans qu'on emploie par acre écos-
saise; par conséquent ce doit être environ quatre mille par hectare. Il paraît, d'après ce qu'il
ajoute, qu'on réduit graduellement cette quantité à sept ou huit cents sujets, de manière
qu'en définitive on ne conserve guère qu'un sujet
sur cinq.

Cet exemple peut servir de modèle aux personnes qui opéreraient des plantations de mélèzes en sujets de deux ou trois ans; mais si on
préférait qu'ils fussent âgés de cinq ou six ans,
je croirais convenable d'adopter l'espacement de
six pieds en tout sens : alors il faudrait près de
trois mille plants par hectare. On les réduirait
successivement au nombre de six à sept cents,
parce qu'on en extrairait graduellement trois
sur quatre.

Si on préférait adopter l'espacement de cinq
pieds en plantant, pour se fixer à celui défi-

nitif de dix pieds d'écartement entre chaque sujet, il en faudrait quatre mille à l'hectare, pour en conserver en dernier analyse un mille.

Age où les Mélèzes donnent des graines fertiles; époque de la récolte de leurs pommes; quantité moyenne de graines qu'elles contiennent.

L'infertilité des graines qu'on récolte sur les sujets des environs de Paris, causée probablement par le défaut d'acclimatation, ne permet pas d'être aussi bien instruit qu'on pourrait le désirer sur l'âge où les mélèzes commencent à donner des graines fertiles; car on ne s'occupe guère de ce point de science dans les pays où ils sont indigènes; mais M. de Poederlé dit, p. 72 du tome II, qu'en Flandre ils fructifient avant dix ans, et que les graines qu'on en retire lèvent très-bien. Je prends d'autant plus de confiance dans cette assertion, que d'une part elle concorde avec l'âge où les mélèzes parviennent à tout leur accroissement, et que d'autre part mes sujets ont donné des graines dès la neuvième année de leur semis à demeure, graines qui toutefois étaient creuses; mais je répète que, dans mon voisinage, les mélèzes de quarante ans ne se reproduisent pas : tandis que les pins maritime, sylvestres et du lord, ainsi que le sapin argenté, y donnent du semis naturel; ce qui me semble être la preuve que les uns sont acclimatés, et que les mélèzes ne le sont pas encore.

L'époque de la cueillette des pommes de mélèzes peut se faire du mois de novembre à celui de mars; mais M. Baudrillart observe que celles récoltées de bonne heure sont d'une extraction de graines beaucoup plus difficile que les autres.

D'après ce que j'ai étudié, les pommes de mélèzes donnent moyennement vingt-cinq à trente graines; mais comme leur extraction se fait plus difficilement que dans les pins et les sapins, ce n'est souvent qu'en deux années qu'on parvient à obtenir cette quantité. La première année, on n'en a qu'environ les deux tiers, et ce n'est qu'en repassant les pommes la seconde année qu'on en obtient l'autre tiers; aussi M. Baudrillart recommande-t-il de faire ce repassage et de se garder de la consommation des pommes après la première extraction de leurs graines, si on ne veut pas se priver de toutes celles qu'on en peut obtenir.

Age de maturité du Mélèze.

Il est constamment très-hâtif, et c'est un des avantages remarquables de cette espèce distinguée d'arbres résineux.

M. de Perthuis père, qui a dit qu'à cent ans le mélèze ne s'élevait plus, mais qu'il grossissait encore, a cependant dit aussi que son âge convenable d'aménagement était celui de quatrevingts ans.

Au surplus, M. de Burgsdorf, à qui la science forestière est redevable d'un *Tableau indicatif* de l'âge de maturité et de beaucoup d'autres choses scientifiques sur cent espèces d'arbres et arbrisseaux, classe les mélèzes à soixante-dix ans pour être l'âge de tout leur accroissement ou de leur entière maturité, comme il classe à cent dix, cent vingt et cent quarante ans l'épicéa, le sapin blanc et le pin sylvestre; à cent vingt, deux cents et même deux cent cinquante le hêtre et le chêne.

Dimensions des Mélèzes en grosseur et en hauteur.

Elles sont superbes, puisque, en hauteur, à

moins de circonstances défavorables, elles ne sont pas au-dessous de quatre-vingts pieds, et que fréquemment elles sont de cent vingt; qu'en grosseur c'est souvent neuf à douze pieds en circonférence à hauteur d'homme.

Il est vrai que M. de Malesherbes, M. Varennes de Fenille et M. Loiseleur-Deslongchamp ont observé que cette grosseur n'était pas suffisamment soutenue, et M. Bonard m'a témoigné de son côté que les tiges de mélèzes avaient le défaut d'être trop effilées, par conséquent d'avoir ce qu'on appelle vulgairement en forêt la forme de queue de rat; mais M. le baron de Monville, qui s'est si particulièrement occupé des mélèzes, m'a toujours observé que ce reproche n'était fondé qu'à l'égard des mélèzes isolés, parce que leurs branches inférieures s'emparant de la plus forte partie de la sève ascendante, elles nuisaient au grossissement de la tige; que cette objection ne s'appliquait pas aux mélèzes croissant en massifs; qu'à leur égard, la grosseur était si bien soutenue, que ces arbres ressemblent à des colonnes dans toute leur hauteur de soixante à quatre-vingts pieds de tige nette. Toutefois je sais, par l'obligeance intermédiaire de M. de Violaine, que des mélèzes, au nombre de quelques milliers, qui existaient à

Attichy, près Compiègne, et qui, âgés seulement d'environ quarante ans, ont été exploités en 1825, avaient généralement la forme de pains de sucre, quoique étant en massifs, et à l'espacement de dix pieds entre eux.

Enfin quels sont les qualités du bois de Mélèze, ses emplois et celui de son écorce, la proportion de son aubier, sa résine et le poids de son bois?

Pour les qualités, on est unanime sur leur excellence ; c'est un bois de fer, un bois d'éternité.

Pour les emplois, ils sont universels, et surtout ils sont de la plus haute importance. On conjecturait autrefois que le bois de mélèze pourrait être employé dans les constructions navales ; aujourd'hui c'est une chose certaine. En Russie, comme le rapporte M. Baudrillart, page 387 du tome II de son *Dictionnaire des forêts*, on en fait des vaisseaux de toutes grandeurs, même de cent vingt canons. En Angleterre, où les mélèzes n'existaient pas il y a moins d'un siècle, on commence à faire avec leur bois des bâtimens de guerre et des bâtimens marchands de pied en cap. Bientôt cette puissance trouvera chez elle-même de quoi fournir à une notable por-

tion de ses besoins, et probablement elle re-
verra bientôt le temps où ses vaisseaux de guerre
avaient une durée de trente ans, lorsque aujour-
d'hui ils n'en ont qu'une de huit. En raison de
cela, il est vraisemblable qu'on ne tardera guère
non plus à s'apercevoir de la justesse, de la profondeur et de l'importance des vues de M. de
Monville, lorsqu'il y a vingt-cinq à trente ans il
paya tant de sa personne pour provoquer la
haute Administration à se pénétrer des avantages incalculables que la France pouvait retirer
des mélèzes. M. d'André en avait aussi la meilleure opinion, et il avait été à portée de les apprécier, tant parce qu'il en a possédé sept montagnes ou forêts, que parce qu'étant conseiller au
parlement d'Aix, il s'était trouvé un des deux
membres de cette cour souveraine qui étaient
chargés par elle de l'exercice des fonctions de
grand-maître qui, dans cet ancien pays d'États,
étaient attribuées au parlement ; ce qui avait
rendu familière à M. d'André la connaissance des
excellentes qualités pourtant peu appréciées des
bois des montagnes de la Provence. Aussi, lorsque
devenu intendant des domaines et bois du Roi,
il s'était appliqué à introduire au bois de Boulogne un grand nombre d'espèces utiles propres
à en régénérer le sol usé, s'affligeait-il du succès

équivoque des mélèzes qu'il y multipliait avec un plaisir tout particulier, se flattant au surplus qu'avec de la persévérance et du temps on parviendrait à les y acclimater. La belle végétation de ceux qu'au nombre d'environ douze cents, âgés de quinze à vingt ans, possède M. Charlet à Bruyères, autorise d'ailleurs à se flatter de leur prospérité aux environs de Paris.

Il paraît que leur écorce a les mêmes propriétés que celle des chênes pour le tannage des cuirs. M. de Burgsdorf et M. de Perthuis père le disent, mais M. de Malesherbes, et depuis M. Loiseleur-Deslonchamp, ainsi que M. Baudrillart, ont observé que cela ne s'appliquait qu'à l'écorce des jeunes mélèzes ; ce qui n'affaiblit guère l'assertion plus étendue de M. de Burgsdorf et de M. de Perthuis, puisque, pour les chênes, on ne prise que l'écorce de leurs jeunes tiges.

Il n'est pas à ma connaissance qu'on ait fait, sur l'épaisseur de l'aubier des mélèzes, les recherches qu'on s'est beaucoup attaché à faire pour le chêne ; mais je tiens de M. le baron de Monville que, dans les arbres faits, cette épaisseur n'est pour les mélèzes que du trentième de leur grosseur.

Au surplus, l'aubier des mélèzes, sans avoir autant de qualité que le bois du cœur, en a néanmoins beaucoup, comparativement à l'aubier des autres espèces d'arbres.

Quant à la résine, il n'est pas révoqué en doute que les mélèzes en fournissent abondamment, et qu'elle est de qualité supérieure.

Sur le poids de leur bois, il y a diversité d'opinions. D'après M. Varennes de Fenille, il serait de cinquante-deux livres huit onces le pied cube, en état de dessiccation, tandis que selon M. Hassenfratz ce ne serait que trente-cinq; selon M. Hartig trente - six livres cinq onces, et d'après M. Knowles, qui observe que le desséchement du bois de mélèze s'opère promptement, et qu'on trouve dans la légèreté de ce bois un avantage pour la construction des navires marchands, ce ne serait que trente-quatre livres anglaises, qui n'équivalent qu'à trente-deux de France.

SAPINS.

Choses générales.

Il y en a plusieurs espèces, mais leur nombre est moins grand que celui des espèces en pins.

Il n'y en a que deux qui soient indigènes à la

France ; mais l'une et l'autre sont dans le cas d'y être cultivées en grand.

Quatre autres espèces, qui, d'après M. Michaux, sont les seules indigènes à l'Amérique septentrionale, n'existent encore en France que comme arbres d'agrément. Celle connue sous le nom de baumier de Giléad m'avait paru susceptible d'être cultivée en grand, parce que durant plusieurs années je l'ai vue prospérer de la manière la plus satisfaisante dans une ancienne lande de la terre de Bazemont, maintenant presque totalement couverte de plantations de bois feuillus et de bois résineux par les soins de M. de Chalandray. Les pins sylvestres, laricio et du lord y végètent fort bien ; et le sapin-baumier, qui y a été introduit aussi rustiquement qu'eux au printemps 1819 et depuis, ne leur cédait pas en prospérité ; mais les sécheresses prolongées et répétées de l'été de 1825, ou l'intensité de la chaleur, ont fait périr tous les sapins-baumiers, tandis que les pins ont fort bien bravé cette rude épreuve. Cependant les baumiers du bois de Boulogne ont surmonté ces grandes sécheresses. Il y en a près d'une centaine tant au rond des Dames qu'au n°. 207, au bord de l'allée des Casernes, près la route d'Auteuil à Boulogne, et fort peu ont péri ou souffert.

Les deux espèces indigènes en France, sont :

1°. Le sapin blanc, appelé aussi sapin commun, sapin argenté, sapin de Normandie, sapin en peigne, sapin à feuilles d'if (M. Loiseleur-Deslonchamp donne cette dernière dénomination à un sapin exotique);

2°. Le sapin-pesse, appelé de plusieurs autres noms tels que faux sapin, épicéa, épicia et sapin de Norwège.

Ces deux différens sapins existent en forêts en France, et ils y forment de grandes masses, mais dans une proportion inégale. Il paraît que le sapin blanc est beaucoup plus commun que le sapin-pesse, et c'est au point que, selon M. Dralet, page 33 de son *Traité des arbres résineux*, les neuf dixièmes de ceux-ci sont en sapins blancs, et seulement un dixième en sapins pesses, en pins et en mélèzes.

L'étendue de ces masses ou forêts est considérable en France, puisque M. Dralet, page 41, la porte à presque un million d'hectares, comme à presque le cinquième du sol forestier.

Ces deux espèces ont l'une et l'autre de superbes dimensions en hauteur comme en grosseur. Elles offrent des différences dans leurs avantages, mais elles peuvent rivaliser entre elles

parce que chacune a de ces avantages récipro-
quement l'une sur l'autre.

Aussi me semble-t-il que la raison de préférer une espèce à l'autre dans la culture qu'on
voudrait en faire, doit résulter du terrain qu'on
a à sa disposition. Pour le sapin blanc il en faut
un qui soit un peu humide et substantiel, qui
ait d'ailleurs de la profondeur; au lieu que le sapin-pesse s'accommode d'un sol à-peu-près sec et
sans profondeur, pourvu qu'il soit perméable à
ses racines traçantes.

Leur bois, comparé aux pins, est moins dur;
il est d'un usage moins prolongé ou dure moins
long-temps, mais les dimensions des sapins sont
supérieures, sur-tout en hauteur, à celles des
pins maritimes et sylvestre. Ils ne sont égalés
sous ce rapport que par l'espèce ou variété
sylvestre dite de Riga, le laricio et le pin du lord.

Choses particulières au sapin blanc.

1°. On vient de voir qu'il a besoin pour prospérer d'un terrain un peu humide, à la différence
des pins qui prospèrent dans des sols secs. Dans
ma contrée, il n'existe de sapins du pays qu'autour des habitations, et les essais que j'en ai
faits dans mes landes et clairières d'anciens bois

m'ont donné à peine quelques sujets qui restent chétifs. Cependant il en existe de grandes masses aux environs de l'Aigle, qui est dans la Normandie méridionale à quinze lieues de chez moi. Je fus les visiter en 1818, et je pus m'expliquer pourquoi ils prospèrent si bien là, en voyant que la décomposition des cailloux-silex semblables à ceux de ma contrée donnait de l'argile ; tandis que, chez moi, cette décomposition donne du gravier.

Du reste, le sapin blanc exige, comme je l'ai annoncé, un sol de quelques pieds de profondeur, parce que ses racines sont pivotantes en même temps qu'elles tracent.

L'exposition au nord est celle qui lui est le plus convenable, mais ce n'est pas d'une façon exclusive ; il prospère sur les montagnes immédiatement au-dessous des pins sylvestres, qui, à leur tour, sont précédés vers les hauteurs par les mélèzes : mais ce site et ce climat de montagnes ne sont pas essentiels au sapin blanc ; il existe en grande quantité dans les plaines de la France, comme l'explique M. Dralet, page 54 de son *Traité des arbres résineux*.

2°. La quantité de graines nécessaire au semis en plein d'un hectare, est, selon moi, d'environ trente livres anciennes, parce que chaque livre contenant environ douze mille graines, on s'en trouverait semer trois cents soixante mille, ou trois à quatre par pied carré; ce qui doit donner à la levée, et durant les premières années, un sujet par pied, par conséquent un semis fort épais.

Mais j'observe que M. Baudrillart conseille de semer de manière à obtenir trois sujets par pied carré, ou le triple de ce qui me paraît déjà très-épais. Il propose même quatre sujets dans les terrains moins favorables à la prospérité des semis; en conséquence il élève de beaucoup la quantité de graines que je viens de proposer, puisqu'il la porte à quatre-vingt-seize livres ou à presque douze cent mille graines, comme à douze graines par chaque pied carré.

3°. En cas de transplantation, je trouve qu'il y aurait sujet d'en agir comme je l'ai proposé pour les mélèzes.

4°. L'époque de la maturité des graines arrive beaucoup plus tôt que dans les autres espèces résineuses, le pin du lord excepté. C'est dès le mois de septembre qu'il faut en récolter les pommes, sans quoi les graines s'en détacheraient dès ce moment-là, comme il arrive seulement, aux premières chaleurs du printemps suivant, aux pins sylvestres, maritime, etc.

La quantité de graines qu'on obtient de chaque pomme est très-considérable, puisqu'elle n'est pas moindre de deux cent cinquante ; en sorte qu'il suffit de cinquante pommes pour obtenir une livre de graines.

5°. L'âge de maturité du sapin blanc est, terme moyen, de cent vingt ans. C'est le terme que leur assigne M. de Burgsdorf dans le *Tableau* de cent espèces, joint au premier volume de son *Manuel forestier*.

6°. Enfin, les emplois du bois de cette belle espèce de sapin, sans être aussi universels que celui des mélèzes, ni d'une aussi longue durée que le bois des pins, sont néanmoins considérables et importans, puisqu'ils s'appliquent à des parties des constructions navales, notamment à la mâture, à la charpente des bâtimens, à la menuiserie, au chauffage, au charbon, à la boissellerie, etc.

L'écorce du sapin blanc, comme celle du sapin-pesse, est susceptible d'être employée au tannage des cuirs, mais à un moindre degré que l'écorce de chêne.

La térébenthine commune est aussi un des produits du sapin blanc.

Choses particulières au sapin-pesse.

1°. Cette espèce exige moins impérieusement que l'autre un sol humide.

D'un autre côté, ses racines étant éminemment traçantes, elle peut prospérer sur des terrains dépourvus de profondeur.

J'en ai fait quelques semis rustiques en 1811, 1812 et 1813 : ils sont loin d'être prospères comme mes pins ; mais enfin je les vois maintenant surmonter l'extrême aridité de mon terrain, et ils deviennent superbes lorsque je les compare à mes chétifs sapins blancs semés aux mêmes époques. Je n'ose pas me flatter du même demi-succès pour d'autres graines semées au printemps 1821 et au 1ᵉʳ. juillet 1822, et que je tenais de l'obligeance de M. du Chatenet, receveur-général du Bas-Rhin. Lorsqu'il l'était de la Dordogne, il m'a rendu le service de me procurer de M. et de Mᵐᵉ. Poussou de Hollande, des graines de pin de Riga, qui réussissent à souhait dans mon terrain aride, où elles ont été semées en 1819, 1820 et 1821. Depuis que M. du Chatenet a passé à la recette générale du Bas-Rhin, il s'est également plu à me gratifier de graines de pin d'Haguenau, de mélèze, de sapin blanc et de sapin-pesse de la Forêt-Noire ; mais les seules graines de pesse ont levé ou ont échappé à une fonte totale.

A quelques nuances près, on peut lui appliquer ce que j'ai dit il y a un moment sur l'expotion solaire, le site et le climat propres à l'autre espèce.

2°. La quantité de graines nécessaire à l'ensemencement d'un hectare en plein me paraît être de sept à huit livres anciennes, parce que chaque livre contenant environ soixante mille graines, il en résulte quatre à cinq au semis par chaque pied superficiel.

Mais j'observe également que, par les mêmes motifs que pour le sapin blanc, M. Baudrillart élève de beaucoup cette quantité; car il la porte à vingt-huit livres dans les terrains favorables, par conséquent à environ dix - sept cent mille graines, ou dix-sept par chaque pied superficiel.

3°. Pour le cas de la transplantation, je me réfère aussi à ce que j'ai exprimé sur ce point, en parlant des mélèzes.

4°. L'époque de la récolte des graines du sapin-pesse est différente de celle de l'autre espèce. A son égard, la cueillette des pommes ou cônes doit se faire, comme pour les mélèzes et les pins sylvestres, depuis le mois de novembre jusqu'au mois de mars exclusivement, dans le climat de Paris.

5°. L'âge de maturité du sapin-pesse diffère peu de celui du sapin blanc ; cependant il est, rigoureusement parlant, un peu plus hâtif, puisque M. de Burgsdorf le fixe à cent dix ans, dans le même ouvrage où il fixe à cent vingt ans l'âge de tout l'accroissement du sapin blanc.

6°. Finalement, les emplois du bois de sapin-pesse sont à-peu-près les mêmes que dans le sapin blanc.

Son écorce, bien inférieure à celle du chêne, est aussi employée au tannage des cuirs, et on en retire de la résine dont on fait la poix dite de Bourgogne.

CONCLUSION.

L'incertitude où l'on est encore aujourd'hui sur la possibilité de cultiver le cèdre du Liban par le moyen du semis à demeure, et le doute où on peut être sur l'emploi de son bois dans le haut service, ne permettent pas, ce me semble, de prononcer encore à présent sur les avantages de sa culture, comparativement aux autres essences, dont cependant il semble être le roi.

Mais pour les mélèzes et pour les sapins, il n'y a, comme à l'égard des pins, qu'à choisir entre les avantages constans qu'offre leur culture, parce que ces avantages présentent quelques différences.

Il n'est pas douteux que, dans une création de bois d'une grande étendue, il faudrait s'attacher à avoir de toutes les espèces. On y serait d'ailleurs déterminé par la différence des sols, des expositions, des sites et des climats.

Mais je crois qu'on trouverait des avantages tout particuliers et à un plus haut degré dans la culture des mélèzes, lorsqu'on aura à sa disposition le sol et les autres élémens de leur belle végétation.

FIN.

Paris. — Imprimerie de Madame Huzard (née Vallat la Chapelle), rue de l'Éperon, n°. 7.

ERRATA.

—————

Page 19, ligne 19 : tels, *lisez* tel.

Page 129, ligne 10 : le, *lisez* la.

Page 145, ligne 9 : d'ailleurs, *lisez* donc.

Page 161, ligne 20 : le, *lisez* les.

Page 181, ligne 17 : on prend même, *lisez* ou grandement.

Page 222, ligne 6 : d'arbes, *lisez* d'arbres.

Page 227, ligne 2 : fait, *lisez* faits.

—————